JN303657

# 改訂版 多変量解析のはなし

●複雑さから本質を探る

大村 平 著

日科技連

## まえがき

　山をまるごと削りとってセメントを作り，地球の表面に散在する磁鉄鉱やかっ鉄鉱から鉄を抽出して何万キロメートルもの鉄道を敷き，石油から建築材料や衣料や食料まで創り出してしまう……，人間が科学技術を利用してやっていることは，すごい，の一言に尽きます．

　ところが，科学技術の力をもってしても，どこから手をつけていいのかわからないような難問も少なくありませんでした．能力の高い社員を採用するためには入社試験の科目として何を選んだらいいでしょうか．そもそも能力とは何でしょうか．色，形，味などに対する好き嫌いは何によって決まるのでしょうか．デパートの商品はどのように分類して配列するのが顧客のためでしょうか．そのほか，この手の難問は枚挙にいとまがありません．

　これらの難問の共通点は，たくさんの要素が複雑にからみ合っている点です．たとえば，能力について考えてみてください．知力，体力，気力が能力に大きな影響を与えそうですが，それと，合理的な思考力，発表・説得力，調整力，忍耐力などはどうからみ合っているのでしょうか．あまりたくさんの要素が複雑にからみ合っているので，科学のメスをどこから入れていいかわからないではありませんか．このため，このような難問に対してはさしもの科学も無力と諦め，古来の習慣に従うか，経験と勘を頼りに若干の改善を試み

るくらいがせいいっぱいの努力であったのが実情でしょう．ところが，近年になってこの種の難問に挑戦する科学的な手法が急速に開発されはじめました．その理由の第1は，巨大なシステムとしてとらえた人間社会の効率化，最適化を追求するに当たって，ぜひともこの種の難問を解決しなければならないというニーズが発生したからです．そして第2の理由は，この種の難問を解くために必要なツール —— 統計学とコンピュータ —— が準備されたからです．統計とコンピュータの使用を前提として，多くの要因が複雑にからみ合った現象を解明し，本質的な骨組みを描き出す手法の群，それを多変量解析法といいます．そして，多変量解析法はひょっとすると，セメントや鉄を抽出したり石油を衣料や食料に変えてしまう技術よりも，もっとすごい科学技術なのかもしれません．

　この本では，多変量解析法の基礎と応用について，その考え方を中心にご紹介していきます．例題もごく簡単なものばかりですから高等な数学もコンピュータも使いません．まずは考え方を知ることによって多変量解析法に対する展望を開いていただくのが，この本の目的です．展望したうえで必要があれば，必要に応じたレベルの参考書に進んでいただけばいいでしょう．幸か不幸か，専門家むきのレベルで書かれた参考書ならたくさん出版されていますから．

　最後になりましたが，いくらか風変わりなこの本に日の目を見せていただいた日科技連出版社の方々，とくに，山口忠夫課長，丸山芳雄さん，そして原稿整理その他に協力してくれた梶田美智子さんに，心からお礼を申し上げます．

昭和59年12月

大　村　　　平

まえがき

　この本が出版されてから，もう，20余年がたちました．その間に思いもかけないほど多くの方々がこの本を取り上げていただいたことを，心から嬉しく思います．ところが，その間に社会の環境や各種の統計値などが変化したため，文中の記述などに不自然な箇所が目につきはじめました．そこで，そのような部分だけを改訂させていただきます．今後とも，さらに多くの方のお役に立てれば，これに過ぎる喜びはありません．

　なお，煩雑な改訂の作業を出版社の立場から支えてくれた，渋谷英子さんに，深くお礼を申し上げます．

平成 18 年 8 月

大　村　　　平

# 目　　次

まえがき ……………………………………………………………iii

## *1.* 多変量解析に触れる ……………………………………………*1*
　　わからないことばかり　*1*
　　共通の構図を描く　*3*
　　できることから，やる　*6*
　　タレント登場　*8*
　　手がかりを求めて　*11*

## *2.* 順位相関を求める ……………………………………………*15*
　　常識的に約束する　*15*
　　きれいな値にする　*18*
　　正規化する　*23*
　　予想順位を採点する　*29*

## *3.* 相関係数はこれだ ……………………………………………*33*
　　順位相関ではものたりない　*33*
　　かの有名な相関係数を　*35*
　　相関の強さを目で見る　*39*
　　相関係数をどこまで信頼するか　*43*
　　順位相関は特殊なケース　*45*

相関係数のもう1つの形　*48*
ゆうれいの正体みたり枯れ尾花　*49*
相関と因果　*52*

## 4. 相関の変わり者 ……………………………………………56
尺度が変わると　*56*
関連指数を知る　*58*
相関比を知る　*64*
いろいろな組合せに応用する　*68*

## 5. 直線で回帰する ……………………………………………73
おおまかな見当で回帰すると　*73*
科学的に回帰すると　*76*
ちょいと計算　*79*
回帰直線のもう1つの表わし方　*81*
直線であることの限界　*83*

## 6. 重回帰分析のはなし ………………………………………88
羊肉を売るために　*88*
回帰平面を求める　*90*
実例を回帰してみる　*93*
相関を強める混ぜ合わせ　*96*
単純合計が相関を強める条件　*98*
重回帰分析　*104*

## 7. 因子分析のはなし ……107

因子を特定する　*107*

まず，調査の価値を確認する　*113*

簡易な方法でいいこともある　*116*

ベクトルの助けを借りて　*120*

未知の因子を見つける　*126*

因子分析のことわり　*128*

## 8. 主成分分析のはなし ……134

新しい手がないか　*134*

主成分を求めて　*137*

主成分分析と因子分析　*143*

変数が2つの場合　*149*

変数が3つの場合　*153*

具体例を解いてみる　*157*

## 9. クラスター分析のはなし ……162

分類 — この難問　*162*

6つの商品を分類すれば　*164*

もう1つの例　*168*

主要な因子が判明すれば　*172*

主成分によって分類する　*175*

類似性を長さで測る　*178*

少しばかり凝ってみる　*181*

## 10. 判別分析のはなし ……186
- 判別分析の登場　*186*
- こうすれば判別できる　*189*
- 正攻法で挑戦　*196*
- 側面攻撃の策もある　*202*

## 11. 多変量解析と数量化 ……207
- 数量化との付き合い　*207*
- 数量化Ⅰ類〜Ⅳ類　*210*
- 最後にひとこと　*214*

## 付　　録 ……217
- 付録1　両者の順位をかけ合わせて合計した値の最大と最小　*217*
- 付録2　式(2.5)と式(2.6)が等しいことの証明　*218*
- 付録3　40ページ脚注のデータから相関係数を求める　*219*
- 付録4　式(3.5)の特例が式(2.5)であることの証明　*220*
- 付録5　偏相関係数について　*221*
- 付録6　式(7.11)と式(7.12)の証明　*221*
- 付録7　145ページ脚注に答えて　*223*

# *1.* 多変量解析に触れる

## わからないことばかり

 この世の中は、わからないことばかりです。明治時代の終わりのころ、旧制の第一高等学校に在学していた藤村操という学生が「人生不可解……」ではじまる美文の「厳頭の感」を残して華厳の滝に投身自殺し、若者たちに衝撃を与えたことがありましたが、それから百余年を経た現在でも人生が不可解であることに変わりはありません。

 なぜ私はこの世に生まれてきたのでしょうか。悠久の時間の中で、なぜこの瞬間に、そして、宇宙の無限空間の中で、なぜここに、私はいるのでしょうか。数千万人の異性の中で、なぜあの娘とだけ契りを結ぶのでしょうか。なぜ、なぜ……？ わからないことばかりではありませんか。

 けれども、この本は多変量解析という科学的な手法をご紹介するための本ですから、哲学や宗教に接近しそうな話題は避けて、もっ

と科学的に接近できそうな話題に限定して話を進めようと思うのですが、それにしても、この世はわからないことだらけです.

今では外国人力士も珍しくなくなりましたが、外国出身ではじめて関取になった高見山は、幕内優勝もなしとげ関脇にまで昇進した実力と、豪快な勝ちっぷり負けっぷりに加えて、日本人よりも日本人らしいかずかずの逸話も豊富で、まさに大相撲の人気力士でしたが、さすがに40歳という年齢には勝てず昭和58年ごろには幕内下位に低迷し、昭和59年夏には十両力士のまま惜しまれながら引退してしまいました。それにもかかわらず、昭和58年の所得額は当時の横綱千代の富士についで力士の中で2番めだったそうです。これはきっと、コマーシャルへの出演などによるものでしょうが、それにしても勝負の世界は冷酷で、実力が落ちめになると人気のほうも急激に冷えていくのがふつうなのに、その後も高い人気を維持していたのは驚くばかりです。その秘訣は何でしょうか.

多くの方が、それはタレント性、とお答えになるかもしれません。では、タレント性とは何ですか。もっと具体的に質問するなら、タレント性は何によって決まるのでしょうか。容貌でしょうか。体形でしょうか。動作でしょうか。あるいは、それらの混合でしょうか。改まって考えてみると、わからないことだらけ、です。もし、それがわかれば、タレントを見つけたり創り出したりして、いっぱしのプロモーターになれるのに……。

本と薬の売れゆきだけは、専門家でもなかなか見当がつかないのだそうです。本の売れゆきを決定するのは、本の内容でしょうか。出版社、著者、定価、装丁などのどれでしょうか。かりに、本の内容が決定的な影響力を持つとしても、内容のうち、フィクション・

ノンフィクションの分類,自然科学・人文科学の違い,レベル,タイミングなどの,どれが効くのでしょうか.それがわかれば,本の売れゆきを前もって予測することができるはずなのに…….

親子や兄弟はよく似ているのがふつうです.けれども,よく見ると兄は丸顔なのに弟は面長だったり,兄は色白なのに弟は黒めだったりなどの相違点に気づくことも少なくありません.それなのに,やはりどことなく似ているのです.いったい,似ているとはどういうことなのでしょうか.顔の造作のうち,どの部分によって似ているか否かが決まるのでしょうか.かりに,数名のグループを似たものどうしに区分するとしたら,何を決め手にして分類すればいいのでしょうか.

## 共通の構図を描く

科学的に接近できそうな話題に限定しても,この世の現象はわからないことばかりです.ただし,めったやたらにわからないわけでもありません.よく注意してみると,いまの3つの例には共通した構図があります.

  1番めの例では

   タレント性 は 容貌,動作,etc. によって決まりそう

  2番めの例については

   本の売れゆき は 内容,定価,etc. によって決まりそう

  3番めの例なら

   顔の類似性 は 目,口,etc. によって決まりそう

となっているではありませんか.いずれも「決まりそう」となって

いるところが問題ですが，ここが「決まる」であれば3つの例とも

$$y=f(x_1, x_2, \cdots) \tag{1.1}$$

という形をしていることになります．つまり，1番めの例でいうならタレント性$y$は，容貌$x_1$と動作$x_2$などによって決まる，というようにです．

　この構図は，社会や人間に関する多くの現象に共通しています．ここでは，タレント性，本の売れゆき，顔の類似性の3つを例に取り上げましたが，他の多くの現象，たとえばプロ野球の球団やテレビ番組の人気，政党の好き嫌い，住宅や車両の居住性，ある企業の将来性，などなど，何でもかんでもこの構図が描けるのではないかと思うほどです．

　こういうわけですから，この構図を利用するための手法が確立されれば，社会や人間に関する多くの現象が科学的に解明できようというものです．とはいうものの，ことはさほど容易ではありません．

　まず，第1に，$x_1, x_2, \cdots$は，何と何なのでしょうか．前々ページでは，タレント性を決定づける要因として容貌，体形，動作を挙げてみましたが，このほかにも色彩，体毛の有無，表情，性質など，タレント性に効きそうな要因がいくらでも思いつきます．そのうえ，食生活，財産，親族などもタレント性に無関係という保障はありません．いったい，これらのうちどれとどれを要因として取り上げたらいいのでしょうか．

　タレント性の場合には，要因らしいものがたくさん思いつきますが，何が要因か判然としないものも少なくありません．たとえば，優れた音楽は頭の頂点から尾骶骨まで突き抜けるほどの感動を呼び起こしてくれますが，音楽の優劣を決める要因は何でしょうか．メ

ロディ，リズム，音質だけでは，尾骶骨まで突き抜けるほどの感動を説明しきれるとは信じられないではありませんか．このように，前ページ式(1.1)の$y$を決定づけるための，$x_1$, $x_2$, …を選び出すことが，まず，むずかしいのです．

つぎに$x_1$, $x_2$, …を適正に選び出すことができたとしても，それらがどのように$y$を決定するかも大問題です．$y$を決定する力は$x_1$, $x_2$, …のどれが大きいのでしょうか．$y$は$x_1$, $x_2$などの和として決まるのでしょうか，それとも積として決まるのでしょうか．それに，$x_1$, $x_2$, …どうしが互いに独立*でなければ，ある要因の$y$に対する影響は直接にばかりか間接にも表われたりして，一般に，$y$を決定するからくりを見破ることは至難のわざです．

そして最後に，$y$そのものの定義がなかなか手ごわいのです．本の売れゆきのように，1年間に何万部とか，ぜんぶで何十万部とかの単純なものさしで測れることもありますが，多くの場合は，これほど単純ではありません．たとえば，タレント性を点数などで表わせるものでしょうか．それに，タレント性とひと口にいっても，力士の高見山と女優の松坂慶子とではタレントとしての役柄がまったく異なりますから，両者のタレント性を同じものさしで比較して優劣を決めるのは無理があるように思えます．

社会や人間に関する多くの現象は，たいていの場合，たくさんの要因が複雑にからみ合っているので科学的には解明できそうもないと思われていたけれど，冷静に観察してみると，たいていの現象は

---

\* $x_1$, $x_2$, …のうち，どの値が変化しても他の値に変化が起こらないとき，$x_1$, $x_2$, …は互いに**独立**であるといいます．

$$y = f(x_1, x_2, \cdots) \qquad \qquad \text{(1.1)と同じ}$$

という構図で表わされるから, この構図を利用するための手法が確立されれば, 社会や人間に関する多くの現象が科学的に解明できるに違いないと, 意気込んではみたものの, 手法を確立するためには気が遠くなるほどの難問を解決していかなければならないのです. けれども, 絶望する必要はありません. 近年になって, 統計数学の力を借りたさまざまな手法が開発され, 現実の問題に応用されて, めざましい成果を上げはじめているのです. これが**多変量解析法**といわれる手法の集団です. すなわち, 多変量解析法とは, ひと口にいえば複雑怪奇な社会や人間などに関する現象の仕組みを解析するための手法の集まり, ということになるでしょう.

## できることから, やる

多変量解析法はまだ歴史が浅いので完成した手法であると威張れるほどの状態にはなく, そのためか, 多変量解析法に対する批判も少なくありません. たとえば, 数学的な技法に溺れてその結果を妄信してしまい, ものごとの本質を見誤らせるおそれあり, というのです. けれども, この批判は当を得ていないとお思いになりませんか. こうした批判は問題解決の手段として数学的な技法を使うすべての場合に多かれ少なかれつきまとう問題であり, 数学的な技法を使う人の心構えと習熟とによって解決しなければならないし, そして, 解決できるはずなのです.

また, 社会や人間に関する複雑怪奇な現象をあまりにも割り切って取り扱いすぎるという批判もありますが, 私は, この批判を敢え

## 1. 多変量解析に触れる

て甘受したいと思います．複雑怪奇でわけのわからない現象の仕組みをなるべく簡明に割り切って説明するのが，多変量解析法の本来の目的であり，簡明に割り切るために現実の現象と多変量解析の結果との間に多少の誤差が見つかるとしても，わけのわからない現象の骨格を描き出す効用のためには，多少の誤差くらい問題ではないと信じるからです．

さらにまた，数学的な技法の高度化を追求するあまり，一般の人たちにとっては理解できず，現実問題に適用しにくくなりつつあるとの批判もあります．この批判は謙虚に受けとめて道を誤らないように努力しようと思います．多変量解析法の目的は複雑な社会現象の骨組みを解明することですから，そのための手段として数学を使う必要は必ずしもありません．文学的な手段や絵画的な手段であっても，もっと泥臭い手段であっても，思考過程が科学的でありさえすればいい理屈です．そこで，この本では見栄や気取りを捨てて，数学の遊びに堕ちないよう，厳にいましめていくつもりです．

このほかにも多変量解析法に対してはいろいろなタイプの批判があります．人間社会に新しいやり方やしきたりが導入されるときには決まって遭遇するような批判が，です．その批判の中には，もっともだけれど解決に時間がかかる，あるいは，多変量解析の実績を積み重ねながら改善していくほうがいい，というものが少なくありません．したがって，批判があるからといって手をこまねいているのではなく，とにかく出来るところからやってみるという姿勢が肝要であると私は信じています．

すっかり，前置きが長くなってしまいました．痛烈に反省しています．では，さっそく，多変量解析法に入っていきましょう．

## タレント登場

多変量解析法の一部をかいま見るための題材として「タレント性」を取り上げてみます．さっそく，タレント界の名士たちに登場してもらいましょう．登場してもらうのは

　　エリマキトカゲ　タランチュラ　コアラ

　　チョハッカイ　　カラステング　バンパイア

の6氏です．ほんとうは，高見山，パンダ，キタキツネ，ティラノサウルス，ドラえもん，カッパ，ネッシーなど，ひとやく買ってほしいタレントにこと欠かないし，なるべく多くのタレントを調べるほうが正しい答えが出るのですが，いまはタレント性とは何かを解析する手続きをご紹介するのが目的ですから，手続きを簡単にするために，前記の6氏だけに代表になってもらうことにします．

エリマキトカゲは，強敵に遭遇すると一応はエリマキをくわっと広げて威嚇してはみるものの，かなわぬとみると，すたこらさっさと逃げの一手なのですが，前足をだらりと下げ，がに股の後足だけで跳んで逃げる姿がまた，ご愛嬌……．

タランチュラは，ご存知の毒ぐも．この毒ぐもに噛まれたときのために動きの激しい8分の6拍子の舞曲タランテラが生まれたと聞けば，毒ぐものくせに奇妙な魅力を感じないこともありません．

コアラは，まさに生きたぬいぐるみで，その愛らしさは他に類を見ないほどですが，動作が不活発なので日本の動物園で公開されても人気はいまいちではなかろうかと心配する声もかつてあったようです．

チョハッカイは，『西遊記』[*]に登場するブタのお化けのような怪

タレント性を決定するものは？

物で，大食いで怠けもので，人間臭みのあるブタで，しかしときにはいい仕事をしたりして，どうしたらこのようなキャラクターを発想できるのか，作者の才能に驚いてしまいます．

カラステングは，大天狗の部下で天狗一族の中ではどちらかといえば脇役ですが，大天狗のようには威張らず，カラスのような口ばしを持ち，折目正しい山伏姿でこまめに山野を跳び回るところなど，サラリーマンの姿をほうふつさせます．

バンパイアは，夜な夜な墓場を抜け出して人の生き血を吸うという死霊なのですが，血を吸われた人はまたバンパイアになるというのですから，数学的に計算すると世界中がたちまちバンパイアだらけになってしまう勘定です．

こうして登場した 6 氏は，実在のものや架空のものが混ざっては

---

\* 中国の長編小説，高僧の誉れ高い三蔵が孫悟空，猪八戒（チョハッカイ），沙悟浄（サゴジョウ）を家来に連れて，妖怪をつぎつぎに退治しながら天竺へ経文を取りに行く物語り．呉承恩（1500～1582 頃）の作．

いますが，いずれ劣らぬタレントたちです．さて，これらタレント6氏を5人の人たちに評価してもらいます．ほんとうは5人どころか数十人あるいは数百人に評価してもらいたいところなのですが，先刻も述べたように，タレント性を多変量解析する手続きのご紹介が目的ですから，わずか5人に採点してもらうことにしました．評価員の5名は，各年代の感触を公平に探るために，

　　10歳，20歳，30歳，40歳，50歳

の紳士淑女から1名ずつを選びます．そして，タレント6氏のそれぞれについて採点してもらうのですが，採点の仕方にちょっとしたくふうが要ります．一般には

| 好き | 3点 |
| どちらでもない | 2点 |
| 嫌い | 1点 |

という配点にするようですが，「彼女に嫌われているうちは，まだ脈がある．彼女が無関心になってしまったら絶望」というくらいですから，好きの反対は嫌いとは限りません．とくにタレント性の場合には好かれるばかりが能ではないでしょう．そこで，ここでは

| 強く惹かれる | 3点 |
| 惹かれる | 2点 |
| 惹かれない | 1点 |

とすることにしました．

　さて，エリマキトカゲ，タランチュラ，コアラ，チョハッカイ，カラステング，バンパイアを紹介する映像を観賞した5人の紳士淑女たちはやや困惑の風情ではありましたが，とにもかくにも一応の採点を終了しました．その結果が表1.1です．さあ，この結果から

**表 1.1　タレント界の名士を採点する**

| 評価員<br>タレント | 10歳(男) | 20歳(女) | 30歳(男) | 40歳(女) | 50歳(男) | 計 |
|---|---|---|---|---|---|---|
| エリマキトカゲ | 3 | 3 | 3 | 1 | 1 | 11 |
| タランチュラ | 2 | 3 | 1 | 2 | 2 | 10 |
| コ ア ラ | 3 | 3 | 2 | 1 | 1 | 10 |
| チョハッカイ | 1 | 2 | 2 | 2 | 3 | 10 |
| カラステング | 3 | 2 | 3 | 1 | 3 | 12 |
| バンパイア | 1 | 2 | 2 | 3 | 1 | 9 |
| 計 | 13 | 15 | 13 | 10 | 11 | 62 |

タレント性の骨組み,つまり,何によってタレント性が作られているかを解析したいのですが,どこから手をつけたらいいのでしょうか.

## 手がかりを求めて

表 1.1 の得点を横方向に合計してみるとカラステングの 12 点を最高に,エリマキトカゲがこれにつづき,バンパイアが最低です.この結果からは,バンパイアよりカラステングやエリマキトカゲのほうがタレント性に優れていることはわかりますが,しかし,なぜそうなのかは知ることができません.

また,表の得点を縦方向に合計してみると,20 歳女性を頂点に10〜30 歳の人たちの得点が高く,40〜50 歳の得点が低くなっていますから,おそらく 40 歳も過ぎるとタレント性に対する感受性が衰えてくるらしいと推察できますが,しかし,依然としてタレント性とは何かを解明することができません.

では，どうしたらいいのでしょうか．思案に余って，とりあえずタレント性を決めそうな要因を列挙してみることにします．

> 容姿，表情，体形，色彩，体毛の有無，動作，性質，社会における役柄，擬人化されているか否か，食生活，生殖法，財産の有無，親族，……エト・セトラ……

まだまだ，いくらでも思い浮かぶでしょう．私たちは，表1.1の結果を手がかりにして，このうちのどれがタレント性を支配する要因なのかを解析しなければならないのです．これはスフィンクスの謎以上の難問ですが，こんなふうに考えてみたらどうでしょうか．

かりに，5人の評価員のそれぞれがエリマキトカゲとコアラに対して似たような傾向の点数を与えているとしましょう．エリマキトカゲに高い点を付けている評価員はコアラに対しても高い点数を与え，エリマキトカゲに低い点数を付けている評価員はコアラにも低い点を与えているというように，です．このようなとき，エリマキトカゲとコアラの得点には**正の相関**があるというのですが，それはさておき，このような傾向があるのは，きっと，エリマキトカゲとコアラに共通な要素に対して評価員が反応しているからにちがいありません．この両者に共通な要因は，たとえば，容姿がユーモラスなことなどでしょう．

これに対して，5人の評価員のそれぞれが，カラステングとバンパイアに対して逆の傾向の点数を与えている場合はどうでしょうか．カラステングに高い点数を付ける人はバンパイアには低い点数を与え，カラステングに低い点数を付ける人はバンパイアには高得点を与えているというように，です．

このような場合には，カラステングとバンパイアの得点に**負の相**

関があるというのですが，たぶんこれは，カラステングとバンパイアが反対の印象を与える要因に対して評価員が反応しているのでしょう．たとえば，ユーモラスな容姿に惹かれる評価員はカラステングには高い点を，バンパイアには低い点を与えるのに対して，怪奇な容姿に惹かれる評価員はその反対の採点をするにちがいないからです．

このような思考過程を実証するために，エリマキトカゲとコアラの得点を図示してみたのが図 1.1 の上半分です．たしかに両者の得点には正の相関がありそうです．また，カラステングとバンパイアの得点を図示すると同図の下半分のようになり，負の相関がありそうに見えます．そうすると，エリマキトカゲとコアラの正の相関からも，カラステングとバンパイアの負の相関からも，タレント性を決める要因として「容姿」が浮き彫りになってくるではありませんか．

どうやら，タレントたちに与えられた

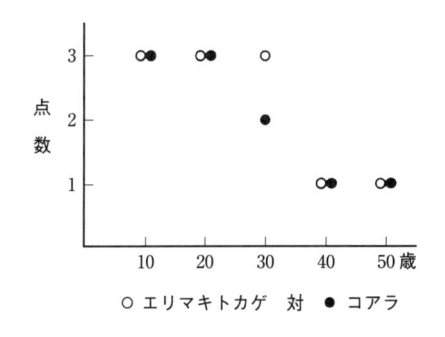

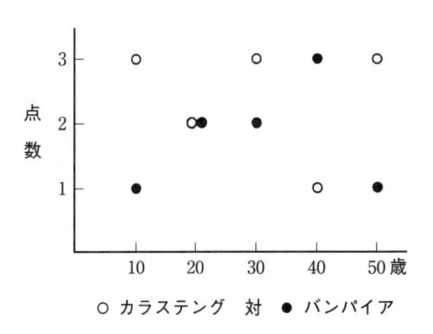

**図 1.1　好みに相関はあるか**

得点の傾向に相関があるかどうかは，タレント性を解析するための重要な切り札になりそうです．やっと，多変量解析の前途に灯火が見えてきました．私たちも，この灯火をめざして前進するのですが，そのためには，章を改めて「相関」を徹底的に解剖しておきましょう．なにしろ，相関は多変量解析のための切り札なのですから……．

# 2. 順位相関を求める

## 常識的に約束する

「何とか界　愛の相関図」などという記事が週刊誌を賑わすことがあります．「何とか」は芸能であったりスポーツであったり，ときには宗教であったりして人を驚かすのですが，内容はいずれも，だれとだれが深い仲にあるとか，だれかが夫の浮気に泣いているとか，2つの三角関係の一片が共通でコブラツイストみたいにもつれているとか，よく見てみると，実に壮観な眺めです．いずれにしろ，相関はふつうの語感でいえば，互いに関係を持つこと，でしょうが病人に管を入れたり，新しい新聞や雑誌を発行したり，警視庁の一番偉い人だったり，不法滞在者を本国に帰したりと，いろいろな文字で表わす「そうかん」がありますが，この本で扱う相関(correlation)は数学の用語ですから，もちろん愛憎劇など存在せず，きちんとした約束に従う概念です．その約束をご紹介しましょう．

ひいき相撲の勝ったのと人に金をやったほど気持ちのよいことは

ない，といいます．気持ちがよくなるほど人に金をやったことはありませんから，こちらのほうの真偽はよくわかりませんが，たしかに，ひいき力士が勝つと晩酌の味もひときわ冴えるほど気持ちのいいものです．ただ，なぜその力士がひいきなのかと改まって尋ねられると，回答がいまひとつ論理的でないのが奇妙です．

プロ野球団の人気も同じこと．広島県の方が広島カープをひいきしたり，関西出身の方が阪神タイガースファンなのは合点がいきますが，生まれついての江戸っ子なのにジャイアンツが大きらい，ジャイアンツが勝った夜はくやし涙でやけ酒という人もいるのですから，まさに，たで食う虫も好きずきです．

いまここに，1人の青年がいて，セントラルリーグの6球団を好きな順に並べると

　　　阪神，中日，横浜，ヤクルト，巨人，広島

であると思っていただきましょう．この順番は実は，平成17年の成績順であり，例題作成者の私としては私心を交えず公平を期したつもりなのです．

さて，そこに現れましたのは，しゃくやく嬢，さっそく6球団をひいきの順に並べてもらったところ，なんと

　　　阪神，中日，横浜，ヤクルト，巨人，広島

であり，くだんの青年の好みと完全に一致しています．2人の好みはぴったりで，これ以上の一致はありません．このような場合に2人の相関関係を最大と約束しなくて，なんとしましょう．

つぎに現れたのは，ぼたん嬢，同じように6球団を好みの順に列記してもらったところ，なんとなんと

　　　広島，巨人，ヤクルト，横浜，中日，阪神

ときたものです．くだんの青年の好みと完全に反対です．このような場合，2人の相関関係が逆向きに最大，いいかえれば，マイナス方向に最大と約束することに同意していただけるでしょう．

　しゃくやく嬢，ぼたん嬢とくれば，つぎには，ゆり嬢がつづくのが相場というものです．ゆり嬢の好みは

　　　　中日，巨人，阪神，ヤクルト，広島，横浜

だそうです．ゆり嬢とくだんの青年の好みは似ているでしょうか．それとも反対でしょうか．どうやらあまり関係がなさそうです．こういう場合は，2人の間には相関関係がほとんどないとみなし，もし数値で表わすならゼロに近い値とするのが自然でしょう．

　こうして，相関関係の強さを数値で表わすなら，図 2.1 のように，両者がぴったりと一致したときに「最大値」を与え，両者が無関係のときにはゼロ，両者が完全に反対のときには「−最大値」を与えるのが合理的，という結論になりました．問題は，この「最大値」をいくらに約束するかです．この問題については，節を改めて吟味したのち結論を出すことにしましょう．

　なお，「まるで反対」と「まるで無関係」とでは，どちらの罪が深いかというような価値観については，この際，触れないことにして，ひたすら相関の強さを数値で表わすことに専念しようと思います．なにしろ，数値そのものは価値判断をともなわず，価値判断は数値で表わされた現象に付随するものだからです．

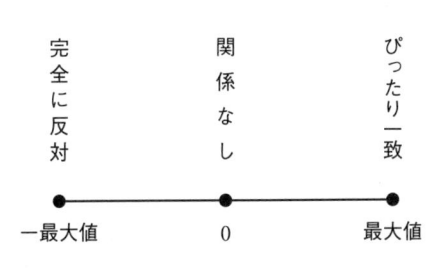

**図 2.1　相関の強さを表わす**

## きれいな値にする

両者がぴったり一致したときが最大値,まるで無関係ならゼロ,完全に反対なら−最大値として相関の強さを表わすのが合理的……,そして,最大値をいくらと約束すれば上等かが当面の問題,というところまで話が進んだのでした.

この問題に対処するため,まず,両者の順位がぴったり一致している場合について表 2.1 のような表を作ります. 6 チームを並ばせる順序はどうでもいいのですが,ごく自然に両者の好みの順に配列しておきました. 表 2.1 には,両者が付けた順位の番号どうしをかけ合わせ,それらを合計して 91 という値を算出してあります. なぜ,かけ合わせて合計したかというと,かけ合わせて合計した値は両者の順位が一致したときに最大になることがわかっている* からですが,そのほかにも重要な発想の原点があります. これについては 38 ページあたりまでお待ちください.

つぎに,両者の順位が完全に反対の場合について表 2.2 を作って

**表 2.1 両者がぴったり一致すると**

|  | 阪神 | 中日 | 横浜 | ヤクルト | 巨人 | 広島 |  |
|---|---|---|---|---|---|---|---|
| 青 年 の 順 位 | 1 | 2 | 3 | 4 | 5 | 6 |  |
| しゃくやく嬢の順位 | 1 | 2 | 3 | 4 | 5 | 6 |  |
| かけ合わせた値 | 1 | 4 | 9 | 16 | 25 | 36 | 計 91 |

---

\* 両者の順位をかけ合わせて合計した値は,両者が一致したとき最大になり,また両者が完全に反対のとき最小になることを,217 ページの付録 1 に証明してあります.

みます．両者の順位どうしをかけ合わせて合計した値は，両者の順位が完全に反対のときに最小になることがわかっています*から，その値を計算して 56 を求めてあります．

これで，6 位までを対象とした順位の場合，両者の順位どうしをかけ合わせて合計した値で相関の強さを表わすことにすると，相関が最高のときは 91，最低のときは 56 であることがわかりました．これ以外の場合には 91 と 56 の間の値になるにちがいありません．

一例として，青年とゆり嬢が付けた順位について計算してみると，表 2.3 のように 79 となり，ちゃんとそうなっています．ちゃんとそうなっているのは結構なのですが，結構でないことがあるから困ります．私たちは前の節で，相関の強さを数値で表わすなら，両者がぴったり一致したとき最大値，まるで無関係のときゼロ，完全に

表 2.2 両者が完全に反対なら

|  | 阪神 | 中日 | 横浜 | ヤクルト | 巨人 | 広島 |  |
|---|---|---|---|---|---|---|---|
| 青 年 の 順 位 | 1 | 2 | 3 | 4 | 5 | 6 |  |
| ぼたん嬢の順位 | 6 | 5 | 4 | 3 | 2 | 1 |  |
| かけ合わせた値 | 6 | 10 | 12 | 12 | 10 | 6 | 計 56 |

表 2.3 両者がほとんど無関係なら

|  | 阪神 | 中日 | 横浜 | ヤクルト | 巨人 | 広島 |  |
|---|---|---|---|---|---|---|---|
| 青 年 の 順 位 | 1 | 2 | 3 | 4 | 5 | 6 |  |
| ゆ り 嬢 の 順 位 | 3 | 1 | 6 | 4 | 2 | 5 |  |
| かけ合わせた値 | 3 | 2 | 18 | 16 | 10 | 30 | 計 79 |

---

\* 同じく，217 ページの付録 1 をごらんください．

反対なら−最大値にするのがいい，つまり，一致はプラスの方向に，反対はマイナスの方向に等分に振り分けた数値にするのがいい，と合意したのでした．表 2.1 や表 2.2 のように，一致したとき 91，反対のとき 56 では，ぐあいが悪いではありませんか．そこで，91と 56 のちょうど中央の値

$$(91+56) \div 2 = 73.5$$

を「順位をかけ合わせて合計した値」からいっせいに差し引いてやりましょう．そうすると

　　しゃくやく嬢と青年（完全一致）　　$91 - 73.5 = 17.5$

　　ぼたん嬢と青年（完全反対）　　　　$56 - 73.5 = -17.5$

ですから，最大値は 17.5 となります．ちなみに

　　ゆり嬢と青年　　　　　　　　　　　$79 - 73.5 = 5.5$

なので，この両者の好みには，あまり強い相関はないものの，どちらかといえばプラスの相関が認められるということがわかります．

こうして，6 位までを対象とした場合には

　　順位をかけ合わせて合計した値 − 73.5

という値で一応は，相関の強さが合理的に数値で表わせるはずが，となったのですが，しかし，気に入らないことが 2 つあります．第 1 は，「6 位までを対象とした場合」という限定条件が付いていることです．6 位より多かったり少なかったりすると，「順位をかけ合わせて合計した値」の最大値も最小値も変わってしまいますから，73.5 も 17.5 も役に立たなくなってしまうので限定条件が必要なのですが，私たちはいつもセントラル 6 球団の順位だけに興味があるわけではありません．選挙の立候補者に順位を付けたり，50 人の生徒に成績順位を付けたり，その他さまざまなケースに遭遇します．

## 相関の強さに目盛りをつける

だから, いちいち「何位までを対象としたときの表わし方」などを制約されるのは不便で耐えられないのです.

　気に入らないことの第2は, 17.5 という半端な値です. 完全に一致したとき 17.5, 完全に反対のとき $-17.5$ だというのですが, 私たちには「完全」を 17.5 で表わす習慣はありません. 日常生活では私たちは「完全」を 100% とか百点, あるいは満点とするのがふつうですし, また, 数学的な取り扱いとしては, 完全を 1 で表わすのがしきたりです. 確率は, まちがいなく起こるときに 1 ですし, 比は, 分子と分母が完全に等しいときに 1, となるようにです. 100% という値は, 数学的な比としての 1 を日常的な感覚でとらえやすくするために 100 倍したものにすぎません.

　そこで, 第1の不満と第2の不満をいっきょに解決してしまいましょう. 相関の強さが

　　　　ぴったり一致したとき　　　1

完全に反対のとき 　　　−1

となるように「順位をかけ合わせて合計した値−73.5」を 17.5 で割ってやるのです．そうすると，

　　しゃくやく嬢と青年（完全一致）　1
　　ぼたん嬢と青年（完全反対）　　−1
　　ゆり嬢と青年　　5.5/17.5≒0.31

となり，相関の強さを気持ちよく数値で示すことに成功しました．

　すなわち，2人が付けた順位が完全に一致したときに相関の強さが1，まったく無関係なら0，完全に反対のとき−1，完全に一致と完全に反対との中間の場合は−1〜1の中間の値になるが，一致の傾向があればプラスの値，反対の傾向があればマイナスの値，というわけです．

　ついでに，しゃくやく嬢と青年，ぼたん嬢と青年，ゆり嬢と青年の3つの組合せについて，6球団に付けた順位の相関を図2.2に描いてみました．ぴったり一致は右上がりの直線，完全に反対は右下がりの直線，そして，ゆり嬢と青年はなんとなく相関がありそうでなさそうで……，ま，0.31 という値が出ているのですから，右上

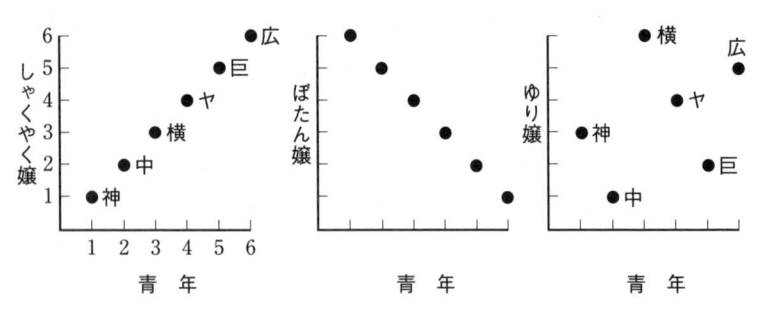

図 2.2　相関を目で見れば

がりの傾向がいくらかあるのでしょう.

ここで,ちょっと待ってくれ,と声がかかるかもしれません.これまでの手順によれば,17.5 という半端な値に対して抱いた第2の不満のほうは解決されているけれど,「6 位までを対象とした場合」という限定条件に対する第1の不満は放置されたままではないかと叱られそうです.

なるほど,73.5 を引いて 17.5 で割るという操作は「6 位までを対象とした場合」にしか適用できません.けれども,この手順そのものは何位までを対象とした場合にも適用でき,それによって第1の不満のほうも解決できるのです.論より証拠……,先へと読み進んでみていただけませんか.

## 正 規 化 す る

前節までは,「6 位までを対象」にこだわりすぎました.セントラル球団が 6 チームだったからなのですが,このへんで 6 から解放されて,一般論として話を進めようと思います.一般論となると,どうしても数式が現れます.不愉快でしょうが,まげてお付き合いねがいます.たいしてむずかしくはありませんから…….

$n$ 個の対象に対して,2 人が勝手に 1 から $n$ までの順位を与えたと思ってください.この場合,順位をかけ合わせて合計した値が最大になるのは,17 ページに書いたように,両者の順位が一致したときであり,その値は

$$1^2+2^2+\cdots+(n-1)^2+n^2=\frac{1}{6}n(n+1)(2n+1) \qquad (2.1)$$

となります*. いっぽう，最小になるのは，両者の順位が完全に反対のときでしたから，その値は

$$1\times n+2\times(n-1)+\cdots+(n-1)\times 2+n\times 1$$
$$=\frac{1}{6}n(n+1)(n+2) \tag{2.2}$$

であり，両者の順位が一致してもいないし正反対でもないふつうの場合には，「順位をかけ合わせて合計した値」が式(2.1)で示される最大値と式(2.2)で示される最小値の間にあるはずです．さて，最大値と最小値のちょうど中央の値は

$$\frac{1}{2}\left\{\frac{1}{6}n(n+1)(2n+1)+\frac{1}{6}n(n+1)(n+2)\right\}$$
$$=\frac{1}{4}n(n+1)^2 \tag{2.3}$$

です．そこで，「順位をかけ合わせて合計した値」から式(2.3)を差し引くと，最大値と最小値はそのぶんだけ0の方向に平行移動し，その結果

　　　最大値＝－最小値

となるにちがいありません．そして，新しい最大値は

$$\frac{1}{6}n(n+1)(2n+1)-\frac{1}{4}n(n+1)^2=\frac{1}{12}n(n^2-1) \tag{2.4}$$

となる勘定です．したがって，「順位をかけ合わせて合計した値か

---

＊ 式(2.1)は数学の公式集などに載っていますが，$n$が1のときに成立することを確かめ，この式が成り立つことを前提として$n$が$n+1$になっても式が成立することを示すことによって，証明することができます．このような証明法を**数学的帰納法**といいます．式(2.2)についても同様です．

ら式(2.3)を差し引いた値」をいっせいに

$$\frac{1}{12}n(n^2-1)$$

で割ってやると，$n$がいくらであろうと，つまり，何位までを対象とした場合であろうと，2人が付けた順位が完全に一致したときに相関の強さは1，完全に反対のときに$-1$，それらの中間のときには1と$-1$の間の値になるはずです[*]．図2.3のようにです．そして，この値が1に近いほど正の相関が，$-1$に近いほど負の相関が強く，0に近ければ相関が弱く，0なら相関がまったくない，と判定できようというものです．

最大値 ●

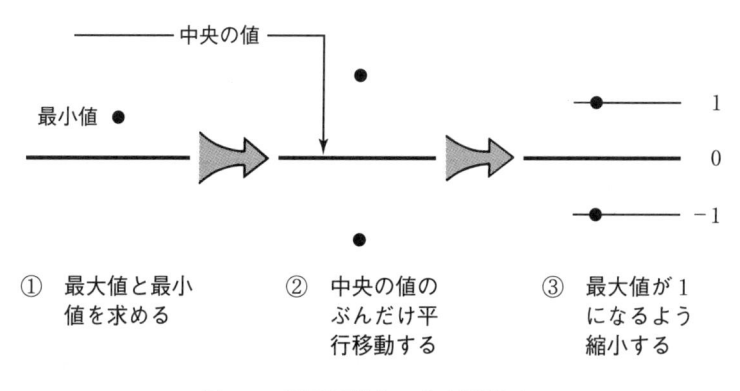

中央の値

最小値 ●

① 最大値と最小値を求める　② 中央の値のぶんだけ平行移動する　③ 最大値が1になるよう縮小する

**図2.3　相関係数をつくる設計図**

---

[*] この節で述べてきたような考えに従って，ある特性を表わす値に普遍性を持たせることを——いまの例では，何位までででも対象とできるようにすることを——**正規化**といいます．正規という用語が他の用語との関係で紛らわしいときは**基準化**あるいは**規格化**ということがあります．

いろいろな$n$について

   最大値　　　　式(2.1)

   最小値　　　　式(2.2)

   引くべき値　　式(2.3)

   割るべき値　　式(2.4)

を表2.4にまとめておきました．一例として，2人の女性(あやめ嬢，かきつばた嬢)に

　　ウイスキー，ワイン，ビール，日本酒，焼酎

に好みの順位を付けてもらったら表2.5のようになったとして，2人の好みの相関がどのくらい強いかを，表2.4を使って求めてください．手順は簡単です．

　　順位をかけ合わせて合計した値＝44

　　(表2.4から)引くべき値＝45

　　(表2.4から)割るべき値＝10

**表2.4　順位の相関の強さを求めるために**

| $n$ | 最大値 | 最小値 | 引くべき値 | 割るべき値 |
|---|---|---|---|---|
| 2 | 5 | 4 | 4.5 | 0.5 |
| 3 | 14 | 10 | 12 | 2 |
| 4 | 30 | 20 | 25 | 5 |
| 5 | 55 | 35 | 45 | 10 |
| 6 | 91 | 56 | 73.5 | 17.5 |
| 7 | 140 | 84 | 112 | 28 |
| 8 | 204 | 120 | 162 | 42 |
| ⋮ | ⋮ | ⋮ | ⋮ | ⋮ |
| $n$ | $\frac{1}{6}n(n+1)(2n+1)$ | $\frac{1}{6}n(n+1)(n+2)$ | $\frac{1}{4}n(n+1)^2$ | $\frac{1}{12}n(n^2-1)$ |

## 2. 順位相関を求める

**表2.5 ちょっとした練習問題**

|            | ウイスキー | ワイン | ビール | 日本酒 | 焼酎 |       |
|------------|-----------|--------|--------|--------|------|-------|
| あやめ嬢    | 1         | 2      | 3      | 4      | 5    |       |
| かきつばた嬢 | 3         | 5      | 1      | 2      | 4    |       |
| 順位の積    | 3         | 10     | 3      | 8      | 20   | 計44  |

ですから

$$相関の強さ = \frac{44-45}{10} = -0.1$$

となります。2人の好みの間にはほとんど相関はありませんが、強いていえば、いくらかマイナスの相関、つまり反対の嗜好が認められる、というところです。まことに簡単ではありませんか。

ところで、全部を合計することを数学の記号ではΣで表わします。この記号を利用すると

　　　順位をかけ合わせて合計した値＝Σ(順位の積)

と書けるので、文章がだいぶ短くてすみます*。これを使うと、私たちは相関の強さを

---

\* ていねいに書くなら、2人のうち一方が付けた順位を $x_i$、他方が付けた順位を $y_i$ として

$$\sum_{i=1}^{n} x_i y_i$$

のほうが、だれからも文句をいわれないでしょう。なお、Σの上と下に付いている $n$ と $i=1$ は $i$ を1から順次 $n$ まで変化させながら全部を合計することを指示していますが、それがわかりきっているときには省略するのが常です。

$$r = \frac{\Sigma(\text{順位の積}) - \frac{1}{4}n(n+1)^2}{\frac{1}{12}n(n^2-1)}$$

$$= \frac{12\Sigma(\text{順位の積}) - 3n(n+1)^2}{n(n^2-1)} \tag{2.5}$$

で表わしていたことになります．この式が発生した所以は，こまごまと述べてきたとおりであり，その思考過程をご紹介したいばっかりに，数ページを費やして式(2.5)にたどり着いたのですが，この式は姿がいまひとつスマートでありません．そこで，ふつうは

$$r = 1 - \frac{6\Sigma(\text{順位の差})^2}{n(n^2-1)} \tag{2.6}$$

のほうを使います*．式(2.5)と式(2.6)がまったく同じ式であることを証明するのはむずかしくありませんが，おもしろくもなんともないので省略しましょう．必要な方は218ページの付録2をごらん

---

\* 表2.5のデータから式(2.6)によって $r$ を求めてみると，下の表によって

|  | ウイスキー | ワイン | ビール | 日本酒 | 焼酎 |  |
|---|---|---|---|---|---|---|
| あやめ嬢 | 1 | 2 | 3 | 4 | 5 |  |
| かきつばた嬢 | 3 | 5 | 1 | 2 | 4 |  |
| 順位の差 | −2 | −3 | 2 | 2 | 1 |  |
| (順位の差)$^2$ | 4 | 9 | 4 | 4 | 1 | 計22 |

$\Sigma(\text{順位の差})^2 = 22$

ですから

$$r = 1 - \frac{6 \times 22}{5(5^2-1)} = -0.1$$

となって，前ページの答と一致します．

ください.

式(2.5)あるいは式(2.6)で表わされる $r$ は，**スピアマンの順位相関係数**と呼ばれます．順位だけに注目して求めた相関の強さを示す値だからです．そして，くどいようですが，

　　$r = 1$　　　　完全な正の相関あり
　　$r = 0$　　　　相関なし
　　$r = -1$　　　完全な負の相関あり

であり，$r$ がゼロに近ければ相関が弱く，1に近づくにつれて正の相関が，$-1$ に近づくにつれて負の相関が強いことを意味します*.


## 予想順位を採点する

ちょっとしたお遊びに付き合ってください．ずっと前のページに書いたように，セントラルリーグの6球団の平成17年の成績は

　　阪神，中日，横浜，ヤクルト，巨人，広島

の順だったのですが，リーグ戦がはじまる前，某新聞に，同社のスポーツ記者4名に気象予報士1名をゲストに加えた5名が，球団の順位を予想した記事が出ていたと考えてください．その予想が表2.6です．

---

\* とくに決まっているわけではありませんが
　　$0.0 \sim 0.2$（$0.0 \sim -0.2$）　　ほとんど相関がない
　　$0.2 \sim 0.5$（$-0.2 \sim -0.5$）　　やや相関がある
　　$0.5 \sim 0.8$（$-0.5 \sim -0.8$）　　かなり相関がある
　　$0.8 \sim 1.0$（$-0.8 \sim -1.0$）　　強い相関がある
　くらいの感じでとらえるのがふつうです．

**表 2.6　6 球団の順位予想**

|  | 1 | 2 | 3 | 4 | 5 | 6 |
|---|---|---|---|---|---|---|
| S 記者（東京） | ヤ | 神 | 巨 | 中 | 広 | 横 |
| T 記者（中部） | 神 | 巨 | ヤ | 中 | 広 | 横 |
| H 記者（大阪） | 神 | 巨 | ヤ | 中 | 横 | 広 |
| M 記者（西部） | 神 | 巨 | ヤ | 広 | 中 | 横 |
| Y 予報士 | 巨 | 神 | 広 | 中 | ヤ | 横 |

さて，これら 5 名の予想の当たりっぷりはいかがでしょうか．

順位の当たりっぷりを査定するにはいくつかの方法を思いつきますが*，せっかく相関という便利な指標を手に入れたのですから，これを使わない手はありません．予想と結果の相関が強ければ強いほど，予想がよく当たっていると判断するのは，ごく自然ではありませんか．

そこで，S 記者の予想と確定した結果との相関係数を計算してみましょう．計算式としては式(2.5)と式(2.6)とをご紹介してありますから，念のため両方の式で計算することにします．まず，式(2.5)のほうを使います．表 2.7 によって

$\Sigma$(順位の積)＝77

ですから

**表 2.7　式(2.5)のために**

| チーム | 神 | 中 | 横 | ヤ | 巨 | 広 |  |
|---|---|---|---|---|---|---|---|
| 結　果 | 1 | 2 | 3 | 4 | 5 | 6 |  |
| S 記者 | 2 | 4 | 6 | 1 | 3 | 5 |  |
| 順位の積 | 2 | 8 | 18 | 4 | 15 | 30 | 計 77 |

---

\* たとえば，順位の差の絶対値を合計した値，つまり$\Sigma$|順位の差|を比較して，この値が小さいほど予想が当たっていると査定する方法など……．

## 2. 順位相関を求める

**表 2.8 式 (2.6) のために**

| チーム | 神 | 中 | 横 | ヤ | 巨 | 広 | |
|---|---|---|---|---|---|---|---|
| 結　果 | 1 | 2 | 3 | 4 | 5 | 6 | |
| S 記者 | 2 | 4 | 6 | 1 | 3 | 5 | |
| 順位の差 | −1 | −2 | −3 | 3 | 2 | 1 | |
| (順位の差)$^2$ | 1 | 4 | 9 | 9 | 4 | 1 | 計 28 |

$$r = \frac{12 \times 77 - 3 \times 6(6+1)^2}{6(6^2-1)} = 0.2$$

が得られます*．つぎに，式 (2.6) を使います．表 2.8 によって

$\Sigma$(順位の差)$^2 = 28$

ですから

$$r = 1 - \frac{6 \times 28}{6(6^2-1)} = 0.2$$

となり，数行前の答と一致します．当たり前のこととはいえ，計算の答がぴったりと合うのは気持ちのいいものです．

同じようにして，式 (2.5) を使っても式 (2.6) を使っても結構ですから，残りの4人についても予想と結果の相関係数を求めてください．表 2.9 のようになるはずです．

見てください．予想と結果の間に強い相関が認められる人は1人もい

**表 2.9 プロ野球の順位当てくらべ**

| | 予想と結果の $r$ |
|---|---|
| S 記者 | 0.200 |
| T 記者 | 0.314 |
| H 記者 | 0.486 |
| M 記者 | 0.086 |
| Y 予報士 | −0.143 |

---

\* 表 2.4 の数値，つまり $n$ が 6 のときには「73.5 を引き，17.5 で割る」を使っていただくと計算がらくです．

ません．H記者がいちばん，それについでT記者の成績がいいのですが，この程度の的中率なら，プロのスポーツ記者でなくても，なんとかなりそうです．あとの3人は，ほとんど当たってないといってよく，とくに相関係数がマイナスのY予報士にいたっては，サイコロを振ってでたらめに順位を予言したより悪い成績，どうやら天気予報のようにはいかないようです．こういうていたらくなので，順位決定後の某新聞社では，「順位予想がはずれたからといって，遭難騒ぎが起こるわけでもない —— などなど言いわけばかりが泉のごとくわいてくる」となりました．

これで，お遊びを終わります．某新聞社のスポーツ記者の皆さん，ごめんあそばせ……．

# 3. 相関係数はこれだ

## 順位相関ではものたりない

 だれだってそうだと思うのですが,プロ野球のチームとか歌手とか,あるいは食べ物や色などについて「好きな順序に列挙せよ」などといわれても,1番めだけか,あるいは2番め,3番めくらいまではすぐに思い浮かぶのに,あとはどんぐりの背くらべで迷ってしまうのではないでしょうか.ときには,いちばん嫌いな1つだけが思いついて,あとはどんぐりの背くらべという天邪鬼だって少なくないでしょう.

 そのうえ,好き嫌いばかりではなく,一般的な現象を調

図 3.1 実力を調べるとこうなることが多い

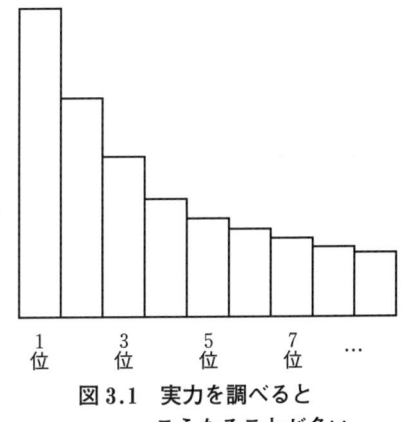

べてみると，1番めと2番めの差がもっとも大きく，2番めと3番め，3番めと4番め，…と下がるにつれて隣どうしの差は減少してゆき，間もなくどんぐりの背くらべになる場合が多いことも知られています*（図3.1）．いずれにしろ，1番めと2番め，2番めと3番め，3番めと4番め，などなどが等間隔で並ぶとは考えられません．

ところが，前章で順位相関係数を求めたとき，私たちにはそのような問題意識がありませんでした．その結果，順位につれて実力が等間隔で減少しているかのように取り扱っていたことになります．そこで，この章では必ずしも等間隔どうしではない一般的な場合について相関を吟味するなりゆきとなりました．

企業は人なり，といわれます．そこで，あるところにわが社の将来は人材にありと信じるゆえに人材確保に熱心な会社があって，入社試験の成績がほんとうに入社後の活躍を保証するのだろうかと疑問を持ち，7名の社員について現在の実力と入社試験の成績とを対比してみたと思ってください．それが表3.1です．人物を見きわめるには面接しかないという同社の信念によって，入社試験は面接だけ行なってきたので，成績は現在の実力と面接の成績とが対比されています．さて，このデータから入社時の面接試験によって入社後の活躍を予知することができるかどうかを判定してください．

---

\* 英語やロシア語のように，単語のきれめがはっきりしている外国語について単語の出現ひん度を調べてみると，きれいな指数分布をすることが知られており，これを**ジップの法則**といいます．さらに，ある国の都市の人口，川の長さ，湖の広さ，長者番付の所得など多くの現象にもこの傾向があるといわれています．興味のある方は拙書『関数のはなし（下）』30ページ，あるいは『評価と数量化のはなし』108ページあたり，ともに日科技連出版社，をご参照ください．

もちろん，「現在の実力」と「面接の成績」との相関の強さを調べるために相関係数を求め，それが1に近いなら，面接の成績がよければ入社後にも実力を発揮すると判定すればいいはずですが，こんどは順位では

表3.1 データは語る

| 姓 | 現在の実力 | 面接の成績 |
|---|---|---|
| 山中 | 8 | 10 |
| 田口 | 7 | 10 |
| 中田 | 6 | 8 |
| 山口 | 6 | 7 |
| 中山 | 5 | 8 |
| 山田 | 5 | 7 |
| 田中 | 5 | 6 |

なく点数ですから，同点があったり，面接の成績に9点がないように欠けた値があったりして，一連番号が付いていた順位のようなわけにはいきません．なにより，コンマ以下の数値が付いていないだけでも，感謝しなければならないくらいです．

## かの有名な相関係数を

表3.1の点数をグラフ上に描いてみます．そうすると図3.2ができあがります．そして，7個の黒丸がなんとなく右上がりに並んで正の相関を示唆しているのですが，しかし，なにもこんなに原点から離れたところに群れていなくてもよさそうなものです．そこで，座標を移動して7個の黒丸を原点の付近に集めましょう．なるべく原点の近くに集めるには，「現在の実力」と「面接の成績」のそれぞれについて平均値を求め，そこへ原点を動かせばいいはずです．そのために

「現在の実力」の値 を $y_i$， その平均を $\bar{y}$
「面接の成績」の値 を $x_i$， その平均を $\bar{x}$

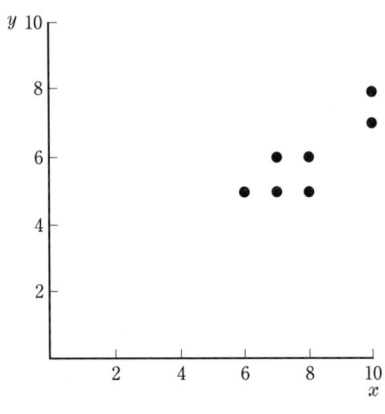

**図 3.2 なんとなく右上がり**

**表 3.2 まん中へ移動する**

| $y_i$ | $y_i - \bar{y}$ | $x_i$ | $x_i - \bar{x}$ |
|---|---|---|---|
| 8 | 2 | 10 | 2 |
| 7 | 1 | 10 | 2 |
| 6 | 0 | 8 | 0 |
| 6 | 0 | 7 | −1 |
| 5 | −1 | 8 | 0 |
| 5 | −1 | 7 | −1 |
| 5 | −1 | 6 | −2 |
| 42 | 0 | 56 | 0 |
| $\bar{y}=6$ | | $\bar{x}=8$ | |

と約束し,表 3.2 のように,$\bar{y}$ は 6 ですから $y_i$ からはいっせいに 6 を引き,また,$\bar{x}$ は 8 ですから,$x_i$ からはいっせいに 8 を引いて新しい値を作ってください.そして,これらの値をグラフ上に描くと図 3.3 ができ上がります.図 3.3 では,7 つの黒丸が新しい原点のまわりに左右と上下のバランスよく散布されているではありませんか.

実は,この操作は順位相関係数を求めた前章での 20 ページあたりの操作に対応しています.もっとも,前章では順位をかけ合わせた後に最大値と最小値のちょうど中央へ原点を移動したのですが,この章ではあらかじめデータの中央へ原点を移してしまいました.順序はどちらでもいいのですが,このほうが話の道筋がわかりやすいからです.

さて,つぎに,$y_i - \bar{y}$ と $x_i - \bar{x}$ とをかけ合わせます.なぜかけ合わせる気になったかというと,つぎのとおりです.図 3.4 を見てください.もし,$y_i - \bar{y}$ と $x_i - \bar{x}$ との間に強い正の相関があれば,データを示す黒丸は原点を通る右上がりの直線の付近に並ぶはずで

す．つまり，黒丸はほとんど第1象限と第3象限の領域に所在するにちがいありません．ところが，第1象限では $y_i-\bar{y}$ も $x_i-\bar{x}$ も正の値ですから $(y_i-\bar{y})(x_i-\bar{x})$ は正の値ですし，また，第3象限では $y_i-\bar{y}$ も $x_i-\bar{x}$ も負の値なので $(y_i-\bar{y})(x_i-\bar{x})$ はやはり正の値になります．そうすると，これらを加え合わせた

$\Sigma(y_i-\bar{y})(x_i-\bar{x})$

は，正の値ばかりを加え合わせるのですから大きな正の値になるに相違ないのです．

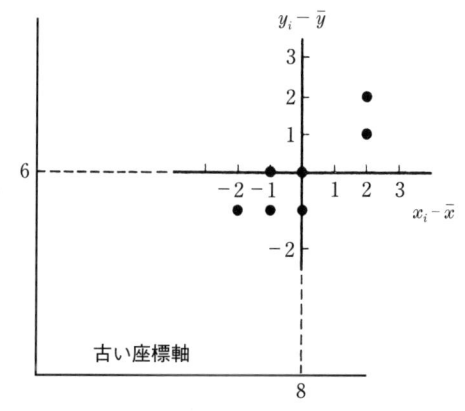

**図3.3 原点をデータの中心へ移す**

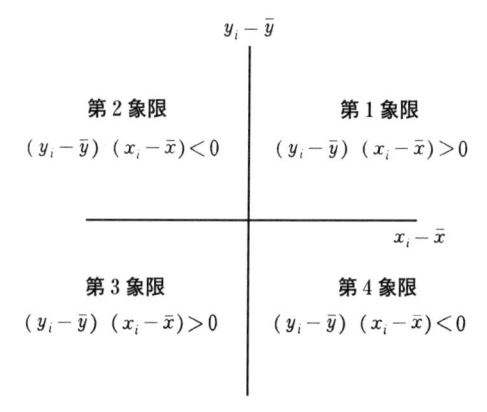

**図3.4 第1，3象限ではプラス**

これに対して，$y_i-\bar{y}$ と $x_i-\bar{x}$ との間に強い負の相関がある場合はどうでしょうか．データを示す黒丸は原点を通る右下がりの直線の付近に並び，黒丸のほとんどは第2象限と第4象限に所在するはずです．ところが，第2象限では $x_i-\bar{x}$ のほうが負，第4象限では $y_i-\bar{y}$ のほうが負なので，いずれの象限においても $(y_i-\bar{y})(x_i-\bar{x})$

は負の値です．したがって，これらを加え合わせた$\Sigma(y_i-\bar{y})(x_i-\bar{x})$は負の大きな値となるにちがいありません．

さらに，$y_i-\bar{y}$ と $x_i-\bar{x}$ との間の相関が弱ければ，データを表わす黒丸は4つの象限にばらまかれ，$(y_i-\bar{y})(x_i-\bar{x})$はプラスもあればマイナスもありますから，それらを加え合わせた値はゼロに近い値になる理屈です．

これで決まりです．正の相関が強ければ正の大きな値に，負の相関が強ければ負の大きな値に，相関が弱ければゼロに近い値になるというのですから，$y_i-\bar{y}$ と $x_i-\bar{x}$ とをかけ合わせて合計した値

$$\Sigma(y_i-\bar{y})(x_i-\bar{x}) \tag{3.1}$$

は，相関の強さを表わす値として，ぴったりの性格を持っています．この値を作り出すために，私たちは$y_i-\bar{y}$ と $x_i-\bar{x}$ とをかけ合わせる気になったのですし，これが18ページ13行めに予告した「発想の原点」でありました．

念のために，私たちの実例について式(3.1)の値を計算したのが表3.3です．表3.2で求めた値をかけ合わせて合計するだけですから何でもありません．式(3.1)の形に驚く必要はないのです．

式(3.1)は相関の強さを表わす値としてぴったりなのですが，このままではいけません．この値は，データの個数や性質によっては，べらぼうに大きな値になったり小さな値になったりして始末が悪いのです．そこで，前章22ページのときと同じように，式(3.1)がとり得る最大の値で割ることによって正規化*

**表3.3 かけ合わせた値を合計する**

| $(y_i-\bar{y})(x_i-\bar{x})$ |
|:---:|
| 2 × 2 =4 |
| 1 × 2 =2 |
| 0 × 0 =0 |
| 0 ×(−1)=0 |
| (−1)× 0 =0 |
| (−1)×(−1)=1 |
| (−1)×(−2)=2 |
| 9 |

してしまいましょう．式(3.1)の最大値は

$$\sqrt{\Sigma(y_i-\bar{y})^2 \cdot \Sigma(x_i-\bar{x})^2} \tag{3.2}$$

です**．したがって，式(3.1)を式(3.2)で割った値

$$r = \frac{\Sigma(y_i-\bar{y})(x_i-\bar{x})}{\sqrt{\Sigma(y_i-\bar{y})^2 \cdot \Sigma(x_i-\bar{x})^2}} \tag{3.3}$$

で相関の強さを表わすことにします．これは**ピアソンの積率相関係数**と呼ばれていますが，単に**相関係数**といえばこの値を指すのがふつうです．

## 相関の強さを目で見る

科学的な思考過程をたどって，私たちは一般的な相関係数の式を手に入れました．その相関係数を表わす式(3.3)は形がグロテスクで素人好みではありません．しかし，正体は張り子の虎にすぎないのです．その証拠に，私たちの実例で $r$ を求めてみましょう．表3.4を見てください．

① , ①′ $y_i$ と $x_i$ の平均値 $\bar{y}$ と $\bar{x}$ を求める．

② , ②′ $y_i - \bar{y}$ と $x_i - \bar{x}$ を求める．

（合計=0の検算をおすすめします．）

---

\* 正規化については25ページの脚注をごらんください．

\*\* よく知られた不等式

$$\Sigma a_i^2 \cdot \Sigma b_i^2 - (\Sigma a_i b_i)^2 \geq 0$$

に $a_i = y_i - \bar{y}$, $b_i = x_i - \bar{x}$ を代入すると

$$\sqrt{\Sigma(y_i-\bar{y})^2 \cdot \Sigma(x_i-\bar{x})^2} \geq \Sigma(y_i-\bar{y})(x_i-\bar{x})$$

となり，式(3.2)が式(3.1)の最大値であることがわかります．

**表3.4 張り子の虎を解く**

| ① $y_i$ | ② $y_i-\bar{y}$ | ③ $(y_i-\bar{y})^2$ | ①' $x_i$ | ②' $x_i-\bar{x}$ | ③' $(x_i-\bar{x})^2$ | ④ $(y_i-\bar{y})(x_i-\bar{x})$ |
|---|---|---|---|---|---|---|
| 8 | 2 | 4 | 10 | 2 | 4 | 4 |
| 7 | 1 | 1 | 10 | 2 | 4 | 2 |
| 6 | 0 | 0 | 8 | 0 | 0 | 0 |
| 6 | 0 | 0 | 7 | −1 | 1 | 0 |
| 5 | −1 | 1 | 8 | 0 | 0 | 0 |
| 5 | −1 | 1 | 7 | −1 | 1 | 1 |
| 5 | −1 | 1 | 6 | −2 | 4 | 2 |
| $\bar{y}=6$ | | $\Sigma=8$ | $\bar{x}=8$ | | $\Sigma=14$ | $\Sigma=9$ |

③, ③' $y_i-\bar{y}$ と $x_i-\bar{x}$ を2乗して合計する.

④ ②と②'をかけ合わせて合計する.

以上の結果

　　　③によって　　　$\Sigma(y_i-\bar{y})^2=8$

　　　③'によって　　　$\Sigma(x_i-\bar{x})^2=14$

　　　④によって　　　$\Sigma(y_i-\bar{y})(x_i-\bar{x})=9$

であることがわかりましたから,これらを式(3.3)に代入すると

$$r=\frac{\Sigma(y_i-\bar{y})(x_i-\bar{x})}{\sqrt{\Sigma(y_i-\bar{y})^2\cdot\Sigma(x_i-\bar{x})^2}}=\frac{9}{\sqrt{8\times 14}}$$

$$\fallingdotseq 0.850 \qquad (3.4)$$

というぐあいです.少しもむずかしくはないことに同意していただけることと欣快に存じます*.

---

\* データの数が多いときには,データが右表のようなスタイルで与えられることがあります.たとえば,$x$ が8で $y$ が7であるようなデータが13個ある↗

| $y$ \ $x$ | 10 | 9 | 8 | 7 | 6 |
|---|---|---|---|---|---|
| 9 | 1 | 0 | 2 | 0 | 0 |
| 8 | 0 | 1 | 8 | 5 | 0 |
| 7 | 2 | 3 | 13 | 6 | 4 |
| 6 | 0 | 0 | 1 | 2 | 2 |

## 3. 相関係数はこれだ

話が長くなって，私たちが求めた $r \fallingdotseq 0.850$ が何であったかを忘れてしまいました．これは，面接による入社試験の成績と入社後の活躍について相関の強さを求めていたのでした．相関係数が0.85もあれば，両者の間には強い相関があるとみなすのがふつうですから，面接の成績と入社後の活躍の間には強い相関があり，したがって，面接の成績は入社後の活躍をじゅうぶんに示唆しているというのが，私たちの例題の答です．

いまの例では，相関係数が0.85でした．念のために36ページを開いて図3.2を見ていただけませんか．7つの黒丸がかなりはっきりとした右上がりの傾向を示していますが，この程度が0.85なのです．それでは，相関係数がもっと大きいときやゼロに近いとき，あるいはマイナスのときはどのような感じなのでしょうか．感じを視覚に訴えていただこうと図3.5を載せておきました．ご参考になれば幸いです．

なお，くどいとお叱りをこうむるかもしれませんが，図3.5のうち( f )のケースについて $r$ を求める手順を表3.5に示してあります．こんどは $x_i$ や $y_i$ の平均値 $\bar{x}$ と $\bar{y}$ がともにゼロですから，計算手順は表3.4より一段とらくになっています．ただし，$x_i y_i$ にプラスの値とマイナスの値が混在しています．なにしろ，データを示す黒丸がどの象限にもばらまかれていますから．

もう1つ，なお書きを付け加えます．図3.5の( a )では6つの黒

---

↗というわけですから，左表は50個ぶんのデータを示しています．このような場合にも，$r$ を求める手順は表3.4と基本的には同じです．ただし，同じ値のデータをまとめて計算することによって計算の手間を省くことができます．左表から $r$ を計算する実例を219ページの付録3に載せておきました．

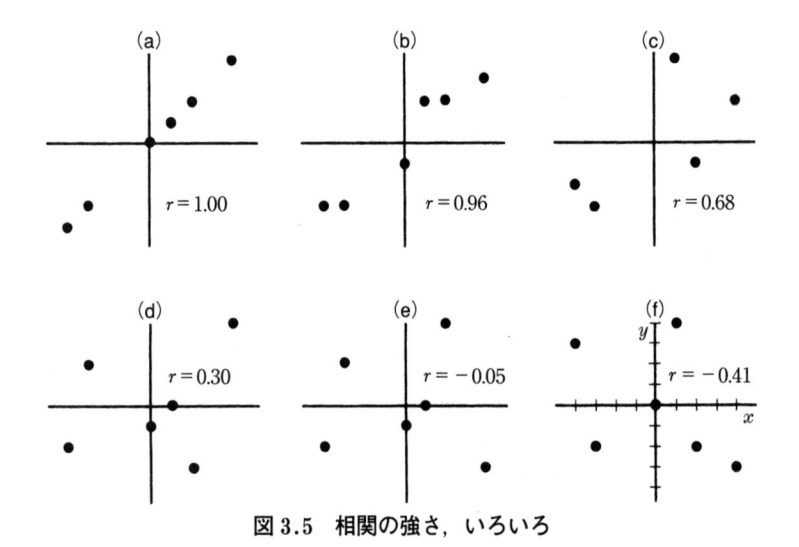

(a) $r=1.00$ (b) $r=0.96$ (c) $r=0.68$

(d) $r=0.30$ (e) $r=-0.05$ (f) $r=-0.41$

**図 3.5 相関の強さ，いろいろ**

丸が $45°$ に傾いた直線上にきれいに並んでいます．だから $r=1.00$ なのですが，しかし，「$45°$ の傾き」には何の意味もありません．その証拠に，縦軸か横軸の目盛りの刻み幅を広げたり狭めたりすれば，直線の傾きは自在に変化してしまうではありませんか．このように，相関の強弱は第1と第3象限，あるいは第2と第4象限に集中しているか否かに大きく左右されるものであり，座標軸に対する傾きとは無関係であることを承知しておきましょう．

**表 3.5 くどいと叱られそう**

| $x_i$ | $x_i^2$ | $y_i$ | $y_i^2$ | $x_i y_i$ |
|---|---|---|---|---|
| 4 | 16 | $-3$ | 9 | $-12$ |
| 2 | 4 | $-2$ | 4 | $-4$ |
| 1 | 1 | 4 | 16 | 4 |
| 0 | 0 | 0 | 0 | 0 |
| $-3$ | 9 | $-2$ | 4 | 6 |
| $-4$ | 16 | 3 | 9 | $-12$ |
|  | 46 |  | 22 | $-18$ |

$$r=\frac{-18}{\sqrt{46\times 42}}\fallingdotseq -0.41$$

## 相関係数をどこまで信頼するか

前節では，7人ぶんのデータをもとに面接試験の成績と入社後の活躍との間に0.85という強い相関があるから，面接の成績は入社後の活躍ぶりをじゅうぶんに示唆していると結論づけたのでした．けれどもデータはたった7人ぶんです．2人や3人の実績から結論を出すよりはいいかもしれませんが，数十人の実績から得た結論に比べれば信頼されにくい点があります\*．そこで，7つのデータから求めた0.85がどのくらい信頼できるかを知るため45ページに図3.7を載せておきました．

この図がどのようにして作られたかは，この本のレベルを超えるので省略しますが，使い方はむずかしくありません．

図3.6を見てください．これは図3.7からデータの数$n$が7の曲線だけを取り出したもので，相関係数の95％信頼区間が読み取れる仕掛けになっています．すなわち，7つの標本から

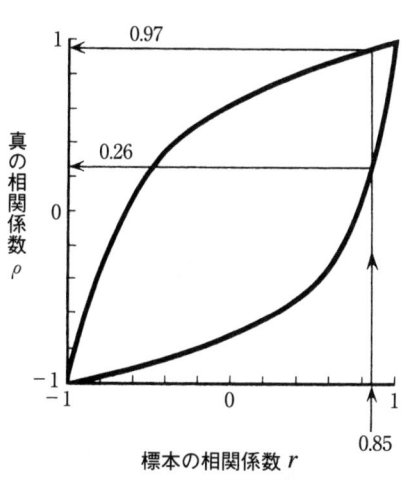

**図3.6　$r$の信頼区間を知る**
**（$n=7$，95％信頼区間）**

---

\*　表3.1において，かりに山中君と田中君の「現在の実力」を入れ換えてみると$r$はたちまち $-0.28$ となってしまいます．7人のデータから求められた$r$はこの程度に不安定なのです．

求めた $r$ は 0.85 ですから，横軸の目盛りが 0.85 の位置から矢印に沿って上昇し，下側の曲線にぶつかったところで左折して縦軸の目盛りを読むと 0.26，さらに上側の曲線にぶつかったところで左折して縦軸の目盛りを読むと 0.97 であり，したがって，相関係数の 95% 信頼区間は

　　　　0.26〜0.97

ということがわかります．いいかえれば，真の相関係数[*]は 95% の確率で 0.26〜0.97 の間にあるということですし，さらには，真の相関係数が 0.26〜0.97 からはみ出す確率は 5% しかないといってもいいでしょう．いずれにしろ，私たちの 0.85 はわずか 7 人のデータから算出した相関係数なのですが，それは真の相関係数が 95% という高い確率で 0.26〜0.97 というプラスの範囲にあることを示しているのですから，やはり，面接試験の成績は入社後の活躍を保証しているとみなすことができそうです．

データの数 $n$ やデータから求めた $r$ がいろいろに変わっても図 3.7 から真の相関係数の 95% 信頼区間を知ることができます．たとえば，42 ページの図 3.5(d) では，$n=6$, $r=0.30$ でしたから，この場合についての相関係数を調べてみてください．

　　　　$-0.60$〜0.86

くらいの値になり，真の相関係数がマイナスかプラスかさえわからないくらいですから，現実問題としてほとんど役に立たない値であることがわかります．ところが，$n$ を 50 にしてみると

---

[*] 真の相関係数という言い方が耳なれない方は，(無限)母集団の相関係数と読み換えてください．

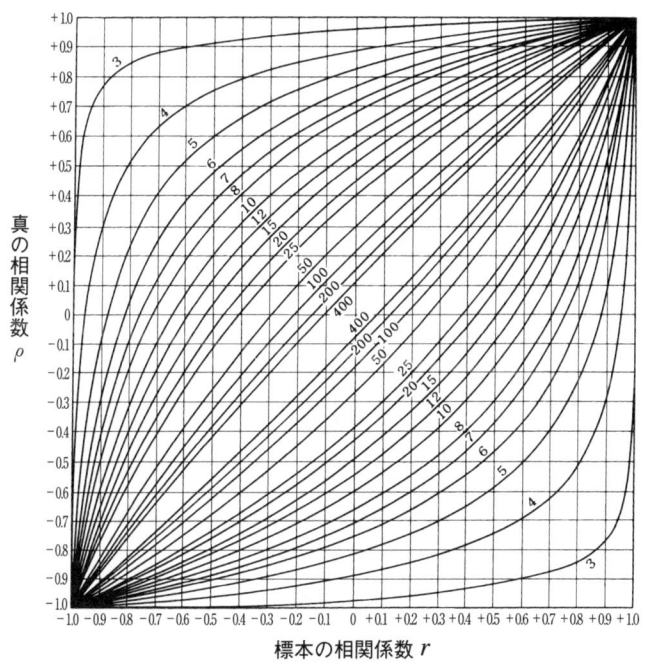

**図 3.7　母集団の相関係数を区間推定する(95%信頼区間)**

$0.04 \sim 0.54$

となり，これは「弱い正の相関がある」を意味しますから，$n$ が 6 の場合とは大違いで現実問題としても意味のある値です．やはり，統計的な取り扱いでは，データの数がものをいうのです．

## 順位相関は特殊なケース

前の章で，セントラルリーグ 6 球団について S 記者が予想した順位の当たりっぷりを査定するために，予想と結果との順位相関係数

**表 3.6 こんなデータがありましたっけ**

| チーム | 結果 | 予想 |
|---|---|---|
| 神 | 1 | 2 |
| 中 | 2 | 4 |
| 横 | 3 | 6 |
| ヤ | 4 | 1 |
| 巨 | 5 | 3 |
| 広 | 6 | 5 |

を計算したことがありました.そのデータは表 3.6 のとおりでしたが,このデータから順位相関を求めるには

$$r = \frac{12\Sigma(\text{順位の積}) - 3n(n+1)^2}{n(n^2-1)}$$

(2.5)と同じ

あるいは

$$r = 1 - \frac{6\Sigma(\text{順位の差})^2}{n(n^2-1)}$$

(2.6)と同じ

のどちらを使ってもよく,答はいずれも 0.2 となるのでした.

ところで,表 3.6 の数字は順位を示しているのですが,これを点数とみなしてみましょうか.順位はたまたま 1 から 6 までの自然数で与えられた点数にすぎないと考えてみるのです*.そうすると表 3.6 の値とピアソンの積率相関係数を表わす式

$$r = \frac{\Sigma(x_i - \bar{x})(y_i - \bar{y})}{\sqrt{\Sigma(x_i - \bar{x})^2 \cdot \Sigma(y_i - \bar{y})^2}}$$

(3.3)もどき
(3.5)とします

に代入しても $r = 0.2$ とならなければ理屈に合いません.心配になって,さっそく試してみたのが表 3.7 です.ちゃんと,$r = 0.2$ となっているではありませんか.ひと安心です.

実は,順位相関係数を求めるための式(2.5)と相関係数を求めるための式(3.5)は似ても似つかない形をしていますが,$x_i$ と $y_i$ がと

---

\* 上位のほうが高い点数でないと気がすまない方は,1位を6点,2位を5点,…,6位を1点と書き直してください.どちらでも同じ相関係数が得られますから.

## 3. 相関係数はこれだ

**表 3.7 順位相関も求まる**

| $y_i$ | $y_i-\bar{y}$ | $(y_i-\bar{y})^2$ | $x_i$ | $x_i-\bar{x}$ | $(x_i-\bar{x})^2$ | $(y_i-\bar{y})(x_i-\bar{x})$ |
|---|---|---|---|---|---|---|
| 1 | $-2.5$ | 6.25 | 2 | $-1.5$ | 2.25 | 3.75 |
| 2 | $-1.5$ | 2.25 | 4 | 0.5 | 0.25 | $-0.75$ |
| 3 | $-0.5$ | 0.25 | 6 | 2.5 | 6.25 | $-1.25$ |
| 4 | 0.5 | 0.25 | 1 | $-2.5$ | 6.25 | $-1.25$ |
| 5 | 1.5 | 2.25 | 3 | $-0.5$ | 0.25 | $-0.75$ |
| 6 | 2.5 | 6.25 | 5 | 1.5 | 2.25 | 3.75 |
| $\bar{y}=3.5$ | | $\Sigma=17.5$ | $\bar{x}=3.5$ | | $\Sigma=17.5$ | $\Sigma=3.5$ |

$$r=\frac{3.5}{\sqrt{17.5\times17.5}}\fallingdotseq 0.2$$

もに 1 から $n$ までの自然数であるという条件を式(3.5)に入れてやると式(2.5)が誕生するのです*. すなわち, 順位相関係数は式(3.5)で与えられる相関係数の特殊な場合にすぎません. これが 34 ページで,「順位につれて実力が等間隔で減少しているかのように取り扱って……」と書いたことの根拠です. こういうわけですから, 相関係数についての記述のすべては順位相関係数にも適用されると考えていただいて結構です. たとえば, 95% 信頼区間を知るための図 3.7 も順位相関係数の場合に使えます. ひとつ, S 記者の予想の当たりっぷりについて 95% 信頼区間を描いてみていただけませんか. データの数が 6, $r$ が 0.2 でしたから 95% 信頼区間は 0.83 〜 $-0.66$ くらいであり, とても「予想」などと呼べるしろものではありませんね.

---

* 式(3.5)に「$x_i$ と $y_i$ はともに 1 から $n$ までの自然数」という条件を入れると式(2.5)が誕生することを 220 ページの付録 4 に証明してあります.

## 相関係数のもう1つの形

ここで，あまり愉快とは思えない節を起こすことをお許しください．データが$(x_i, y_i)$で与えられているとき，$x$と$y$の相関の強さを表わす相関係数は式(3.5)で計算できるのですが，式(3.5)とは異なるもう1つの式をご紹介しておかなければなりません．この本でも，あるいは他の参考書でも「もう1つの式」のほうを使うことが少なくないからです．

式(3.5)の分子と分母とを同時にデータの数$n$で割ると

$$r = \frac{\frac{1}{n}\Sigma(x_i-\bar{x})(y_i-\bar{y})}{\sqrt{\frac{1}{n}\Sigma(x_i-\bar{x})^2}\sqrt{\frac{1}{n}\Sigma(y_i-\bar{y})^2}} \tag{3.6}$$

となります．ところが，このうち

$\frac{1}{n}\Sigma(x_i-\bar{x})^2$　は　$x$の分散

$\frac{1}{n}\Sigma(y_i-\bar{y})^2$　は　$y$の分散

と呼ばれ，$s_x^2$と$s_y^2$で表わされるのがふつうです．すなわち

$$\frac{1}{n}\Sigma(x_i-\bar{x})^2 = s_x^2 \tag{3.7}$$

$$\frac{1}{n}\Sigma(y_i-\bar{y})^2 = s_y^2 \tag{3.8}$$

です．そして，また

$\frac{1}{n}\Sigma(x_i-\bar{x})(y_i-\bar{y})$　は　$x$と$y$共分散

といわれ，$s_{xy}$ と書くのが数学のしきたりです．つまり

$$\frac{1}{n}\Sigma(x_i-\bar{x})(y_i-\bar{y})=s_{xy} \tag{3.9}$$

です．そこで，式(3.7)，式(3.8)，式(3.9)を式(3.6)に代入し，ついでに，$x$ と $y$ についての相関係数であることを強調するために $r$ を $r_{xy}$ と書き改めると

$$r_{xy}=\frac{s_{xy}}{s_x s_y} \tag{3.10}$$

となります．

いかがでしょうか．さわやかな式ではありませんか．こういうわけで，相関係数を表わす式としてこれが使われることが少なくないのです．もっとも，この式の正体はといえば，結局は式(3.6)を経て式(3.5)に戻ってしまうのですが……．

## ゆうれいの正体みたり枯れ尾花

薬ひとを殺さず医師ひとを殺す，といいます．薬は人を助けるためのものなのに医師がその使い方を誤ると人を殺すような結果さえ生じる，という教えでしょう．相関も薬と同じです．使い方をまちがえると，とんでもない誤解を生じかねません．そこで，ページをさいて，相関を利用するときに陥りやすい誤りをご紹介しておこうと思います．

まず第1は，データの集め方についてです．図3.8の左半分を見てください．小学生15人について背の高さと数学力の関係を図示したものです．明らかにかなり強い正の相関が認められます．栄養

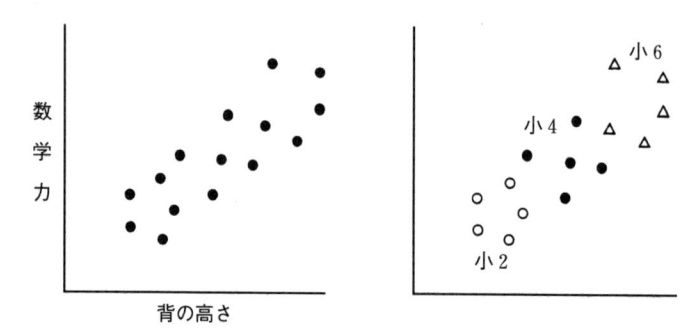

**図 3.8 混在その 1 ないのに，ある**

がよくなって，総身に知恵がまわった結果でしょうか．では，同図の右半分を見ていただきましょう．小学生 15 人の内訳は，2 年生が 5 人，4 年生が 5 人，6 年生が 5 人だったのです．それぞれのグループごとに見れば相関は認められませんが，学年が進むにつれて背も高くなるし数学力も向上しますから，3 学年をごちゃまぜにしてデータを作れば相関がありそうに見えても当然ではありませんか．このように異質のデータが混在すると，存在しないと考えるほうが正しい相関が存在するように見えることがありますから要注意です．

つぎに，図 3.9 を見てくだされ．左の図を見る限りは，数学力と英語力の間に相関があるとは思えませんが，右の図へ目をやると，おや，と思うのです．女子生徒だけのデータなら正の相関がありそうですし，男子生徒だけでも正の相関が認められるではありませんか．ところが，この両方をいっしょにすると相関が消えてしまうのです．この例では，異質のデータが混在すると，相関があるのに，ない，と誤認してしまいます．異質なデータを混在させると事実を誤認するおそれがある……，これが図 3.8 と図 3.9 から得た教訓です．

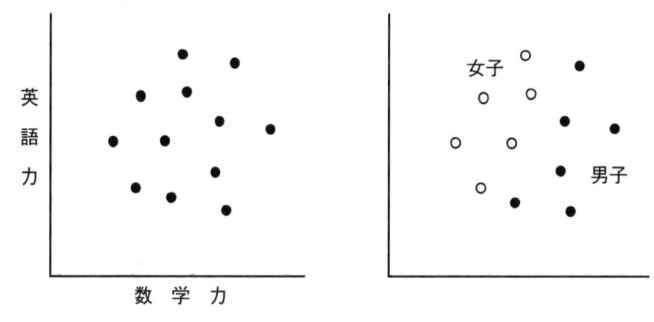

図 3.9 混在その 2　あるのに、ない

つづいて、図 3.10 です。これは、私が勝手に作った架空の例ですが、とりあえず、世界各国の GNP と酒類の消費量とを調べたデータだと思ってください。世界各国を調べれば右図のように相関が認められなかったはずなのに、ヨーロッパと北米の国だけのデータを集めたために左図のようになり、相関が現れてしまいました。データを切断したために、ないのにあると錯覚したおそまつの一席ではありました。

データの切断でもっとも注意しなければいけないのは、入社試験や入学試験で不合格者を切り捨てたのを忘れて、合格者についてだ

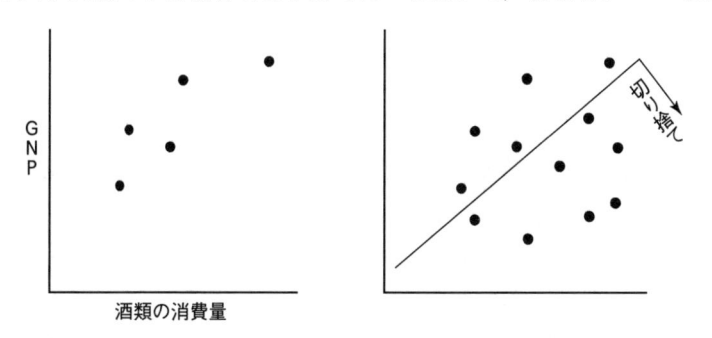

図 3.10 切断その 1　ないのに、ある

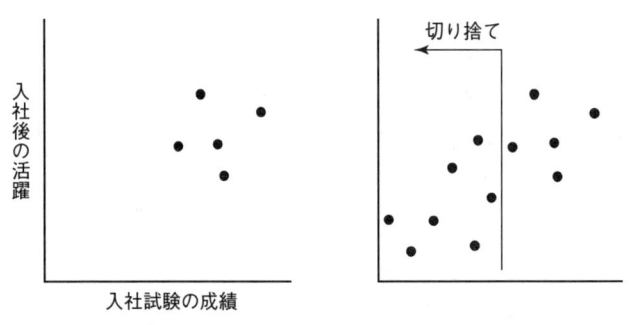

**図 3.11　切断その 2　あるのに，ない**

け入社試験の成績と入社後の活躍の相関を調べ，それを受験者全員についての相関と思い違いをすることです．たとえば，図 3.11 の左半分のデータに相関が見られないからといって，入社試験の成績と入社後の活躍とは無関係だから入社試験なんか必要ない，と早合点してはなりません．

以上が，データの集め方に起因して，相関がないのにあると錯覚したり，その反対に，相関があるのにないと思い込んだりする悪例です．ゆうれいの正体みたり枯れ尾花，にならないよう，ご注意めされよ．

## 相関と因果

相関係数にまつわる誤用の第 2 へと進みます．図 3.12 を見てください．まず，左半分です．そこには 6 つのデータが黒丸で示してありますが，これらのデータは

$$y = x^2$$

の関係が厳密に保たれています．すなわち，$x$ と $y$ の間には妥協の

**図 3.12 相関があるはずなのに**

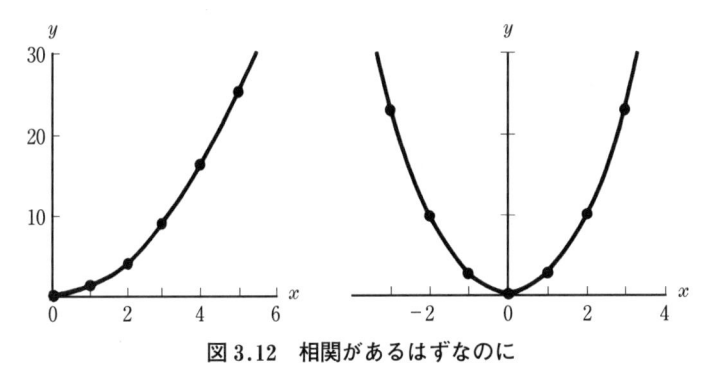

余地がないほど厳密な関係があるのです．それなら，$x$ と $y$ との相関係数はきっと 1 にちがいないと信じて $r$ を計算してみると，どういうわけか 1 には及ばず，0.98 という値にしかなりません．これだけ厳密な関係を有しながら，なぜ相関係数は最大の値 1 にならないのでしょうか．

つぎに右半分をごらんください．7 つのデータはこんども $y=x^2$ の関係を厳しく保っています．この 7 つのデータから $x$ と $y$ の相関係数を計算してみていただけませんか．計算結果は，びっくりぎょうてん，ゼロになってしまうのです．いったい，どうなっているのでしょうか．

ここで私たちは，式(3.3)で計算される相関係数は，$x$ と $y$ とが完全に直線的な関係があるときに最大または最小の値となり，直線的な関係が崩れれば崩れるほどゼロに近い値になることに思いを致さなければなりません．図 3.12 の左半分では，データが第 1 象限だけに存在しますから相関係数 $r$ は正の値なのですが，$x$ と $y$ の関係が直線的ではなく，2 次曲線的であったために $r$ は 1 とはならなかったのでした．そして，右半分では，データが第 1 象限と第 2 象

限に公平に分布して，37ページの精神にそむいたために $r$ はゼロになってしまったのでした．

2次曲線的な関係や，その他の関係には目もくれず，直線的な関係だけで相関の強さを評価するようでは不公平ではないかと思われるかもしれません．私もまったく同意見です．しかしながら，2次曲線，3次曲線，対数曲線など，多くの関係に適用できそうな相関係数を考案しても，それはたぶん複雑で煩わしく実用性のないものになってしまうにちがいありません．そこで，一歩ゆずって，もっとも簡単な直線的関係だけで相関の強さを表わすことにしたのでしょう．

こういうわけですから，式(3.3)で相関係数を求めるときには，あらかじめ，直線的な相関が強ければ相関が強いとみなせる立場にいるかどうかに思いをめぐらせておく必要があります．

相関係数にまつわる誤用の第3は，相関と因果関係についてです．$x$ と $y$ との間に強い相関があるとき，私たちは $x$ という原因によって $y$ という結果が出ていると考えがちです．いいかえれば，$x$ と $y$ に相関があるなら，$x$ と $y$ には因果関係があると思いがちなのです．けれども，相関がある間柄であっても，そこに因果関係があるかどうかは別の立場から判断しなければなりません．

追風の強さと幅跳びの記録の間に相関があるとすれば，それはきっと強い追風という原因が好記録という結果を生んでいるのでしょうから，この場合は相関と同時に因果関係も存在します．これに対して，50ページの図3.8の左半分を思い出してください．小学校の3学年をごちゃ混ぜにして背の高さと数学力の関係を表わした図が，そこにありました．前述したように，異質のものをごちゃ混ぜ

相関と因果は別

にしたこの図は好ましいものではありませんが,少なくともこの図に関する限り,背の高さと数学力の間には明らかに相関があります.だからといって,両者の間に因果関係を認めるのはまちがいです.背が高いという原因が高い数学力を生んでいるのではなく,学年が高くなるという原因が背の高さと数学力を同時に生んでいるにすぎないからです.

ましてや,酒類の消費量とGNPの間に相関があるからというので,全国民の老若男女は働くのをやめて朝から晩まで酒浸りになっていればGNPは増加するはず,などというのは言語道断,まさに,薬ひとを殺さず,医師ひとを殺す,の類ではありませんか.

因果応報の仕組みを見破るには,数学とは異なった次元のさめた目を必要とすることを,肝に銘じておきましょう.

# 4. 相関の変わり者

## 尺度が変わると

話題が変わります。表 4.1 を見てください。東京 23 区 116 人，大阪市 60 人，福岡市 24 人の計 200 人に，巨人，広島，横浜，阪神の中からいちばんひいきのチームを挙げてもらい集計したデータがそこにあります[*]．ほんとうは，中日もヤクルトも仲間に入れたいし，札幌，仙台，浜松，名古屋，広島など気になる都市も少なくないのですが，例題をなるべく簡単にするという趣旨に沿って割愛しま

**表 4.1 こんなデータがあるとする（実現値）**

|     | 巨 | 広 | 横 | 神 | 小計 |
|-----|----|----|----|----|------|
| 東京 | 66 | 12 | 20 | 18 | 116  |
| 大阪 | 4  | 10 | 4  | 42 | 60   |
| 福岡 | 14 | 6  | 2  | 2  | 24   |
| 小計 | 84 | 28 | 26 | 62 | 計200 |

---

[*] 表 4.1 のように，2 つの項目どうしの関連を縦と横に集計したものは**クロス集計表**と呼ばれ，クロス集計表を作ることを**クロス集計**といいます．そして，縦と横の小計を**周辺度数**などと呼んでいます．

## 4. 相関の変わり者

した.かんべんしてください.

さて,問題は,ひいきチームと都市との間に相関があるだろうか,ということです.すなわち,各チームのファンは3つの都市に平均的に分布しているのではなく,都市によってファンチームに偏りがありそうなのですが,その偏りがどのくらい激しいものなのだろうかということです.この問題は,いままで取り扱ってきた相関とはかなり異質のように感じます.たしかに,かなり異質なのです.なぜかというと,東京,大阪,福岡も,また,巨人,広島,横浜,阪神も,順位でもないし,点数でもないからです.

私たちが日常的に用いている目盛りにはそれぞれ約束ごとがあります.その約束の仕方によって,いろいろな尺度が生まれます.たとえば,前の章で例題としてきた面接の成績や現在の実力を表わす点数は,数値の間隔に意味があります.10点と8点の差は,8点と7点の差の2倍に匹敵する開きがある,というようにです.このように数値の間隔が意味を持つ目盛りを**間隔尺度**といいます.

これに対して,第2章で使った1,2,3,…は順位だけを表わしており,実力が等差級数で並んでいることを保証しているわけではありません.このように間隔には意味がなく順位だけが意味を持つような目盛りを**順位尺度**と呼んでいます.

さらに,電話番号や受験番号とか国道1号線,2号線,3号線などのように,間隔はもちろん,順位にも意味がなく,単に名称として使われているにすぎない目盛りもあります.このような目盛りは**名義尺度**といわれます.名義尺度では順位にも意味がありませんから,どのように入れ換えても差し支えありません*.

ここで,もういちど表4.1を見ていただきましょうか.巨人,広

島,横浜,阪神の順番で並べてはありますが,これらの順序はどのように入れ換えても差し支えありません.それぞれのひいき筋から多少の苦情はあるかもしれませんが,表4.1の本質的な内容には何の影響もないのです.したがって,巨人,広島,横浜,阪神は名義尺度とみなすことができます.数字でないことが気になる方は,チーム名を変えて1号チーム,2号チーム,…とでもしてみてください.同じように,東京,大阪,福岡も名義尺度であることに異存はないでしょう.

そうすると,前々章では順位尺度どうしの相関を調べていたし,前の章では間隔尺度どうしの相関を求めていたのに,この章では突然,名義尺度どうしの相関が登場したことになります.だから,表4.1において都市とひいきチームの間に相関があるかという問題提起は,いままで取り扱ってきた相関とはかなり異質なのです.

それでは,名義尺度どうしの相関を求めていきましょう.

## 関連指数を知る

もういちど表4.1を見ていただきたいのですが,東京,大阪,福岡をならしていうと,巨人,広島,横浜,阪神のファンが

---

\* 一般に,尺度は

$$\begin{cases} 絶対尺度 \\ 相対尺度 \\ 順位尺度 \\ 名義尺度 \end{cases} \begin{cases} 比率尺度 \\ 間隔尺度 \end{cases} \quad または \quad \begin{cases} 比率尺度 \\ 間隔尺度 \\ 順位尺度 \\ 名義尺度 \end{cases}$$

と分類されるのがふつうです.詳しくは拙書『評価と数量化のはなし』25〜35ページをご参照ください.

## 4. 相関の変わり者

84 : 28 : 26 : 62

の割合で存在しています．また，巨人，広島，横浜，阪神を込みにしてみると，東京，大阪，福岡に

116 : 60 : 24

の割合で住んでいます．そうすると，都市とひいきチームの間にまったく関係がなく，どのチームのファンも3つの都市に平均的に住んでいると仮定するなら，東京の巨人ファンは調査人数200人のうち

$$200 \times \frac{116}{200} \times \frac{84}{200} = 48.72 \text{人} \quad (4.1)$$

↑ 巨人ファンの割合
↑ 東京の人の割合
↑ 調査人数

となるのが公平なところです．同じように大阪の広島ファンは

$$200 \times \frac{60}{200} \times \frac{28}{200} = 8.40$$

でなければなりません．こうして，もし都市とひいきチームの間にまったく相関がないならばこうなるはず，という値を計算したのが表 4.2 です．このような値は，「こうなるはず」という値ですから**期待値**と呼ぶのがふさわしいでしょう．

表 4.2 相関がなければ，こうなるはず（期待値）

|   | 巨 | 広 | 横 | 神 | 計 |
|---|---|---|---|---|---|
| 東京 | 48.72 | 16.24 | 15.08 | 35.96 | 116 |
| 大阪 | 25.20 | 8.40 | 7.80 | 18.60 | 60 |
| 福岡 | 10.08 | 3.36 | 3.12 | 7.44 | 24 |
| 計 | 84 | 28 | 26 | 62 | 200 |

ところが、現実の調査では表4.1のようになってしまったのです。対比していただくとわかるように、表4.1と表4.2とはだいぶ食い違っています。この食い違いが小さければ小さいほど都市とひいきチームの相関はゼロに近く、食い違いが大きければ大きいほど相関は大きいにちがいありません。

そこで、表4.2で与えられた期待値と表4.1で示された実現値との食い違いの大きさを求めます。まず、実現値から期待値を引いた差を求めてみると表4.3のようになります。実現値と期待値の食い違いを表わすには、これらの値を合計すればよさそうに思えますが、そうは問屋が卸しません。合計するとプラスの値とマイナスの値が相殺しあってゼロになってしまうからです。なにしろ、期待値はある種の平均値であり、平均値はそれぞれの値との差を合計するとゼロになるような値なのですから……。

そこで、こういう場合の常套手段として表4.3の値を2乗し、すべての値をプラスにしてしまいましょう*。そして合計するのです

表4.3 実現値と期待値との差

|     | 巨 | 広 | 横 | 神 | 計 |
|-----|-------|-------|-------|--------|---|
| 東京 | 17.28 | −4.24 | 4.92 | −17.96 |   |
| 大阪 | −21.20 | 1.60 | −3.80 | 23.40 | 0 |
| 福岡 | 3.92 | 2.64 | −1.12 | −5.44 |   |

---

\* たとえば、ばらつきの大きさを示すための標準偏差は
$$\sigma = \sqrt{\frac{\Sigma(x_i-\bar{x})^2}{n}}$$
で表わされますが、ここでも、$\Sigma(x_i-\bar{x})$は常にゼロになってしまうので、2乗してから合計しています。もっとも、2乗するのは$x_i-\bar{x}$のすべてをプラスの値にすることだけが目的ではありませんが。

が,合計する前にしなければならないことがあります.表4.2を見ていただくと,平均的にいえば東京~巨人は48.72人なのに対して福岡~横浜はわずかに3.12人です.こういうとき,実現値と期待値に1人の差があったとしても,48.72人に対する1人と3.12人に対する1人では重みが異なります.そこで,表4.3の値を2乗してから表4.2の値で割って重みをそろえましょう*.すなわち

$$\frac{(実現値-期待値)^2}{期待値}$$

という値を作るのです.たとえば東京~巨人の食い違いの大きさは

$$\frac{17.28^2}{48.72} \fallingdotseq 6.13$$

となります.

他のケースについても同じように計算すると表4.4ができ上がります.そうしたら,これらを合計しましょう.75.21となります.つまり

$$\Sigma \frac{(実現値-期待値)^2}{期待値} = 75.21 \qquad (4.2)$$

表4.4 食い違いの大きさを求める

|   | 巨 | 広 | 横 | 神 | 計 |
|---|---|---|---|---|---|
| 東京 | 6.13 | 1.11 | 1.61 | 8.97 |  |
| 大阪 | 17.83 | 0.30 | 1.85 | 29.44 | 75.21 |
| 福岡 | 1.52 | 2.07 | 0.40 | 3.98 |  |

であり,これは$\chi^2$(カイ2乗と読む)という値なのですが,表4.1で示された実現値が表4.2の期待値とどのくらい食い違

---

\* (実現値-期待値)$^2$の重みをそろえるなら,期待値ではなく期待値の2乗で割るべきではないかと思われるかもしれませんが,偏差平方和の平均値は人数の2乗ではなく人数に正比例しますから,期待値で割るのが正しいのです.

っているかを表わすのにもってこいの値です．

　もってこいの値であっても，表 4.4 の行や列が多いほど大きな値になりやすいと考えられることもあって，このままでは大きいのか小さいのか判断がつきません．そこで，順位相関係数のときや相関係数のときと同じように，行や列やデータの数に影響されないよう正規化してしまいましょう．そのためには式(4.2)で表わされる $\chi^2$ がとり得る最小値と最大値を調べなければなりません．

　$\chi^2$ の値が最小になるのは，実現値が期待値とまったく食い違っていないとき，つまり，実現値と期待値がすべて等しいときで，式(4.2)からわかるように，そのときは

$$\chi^2 = 0 \tag{4.3}$$

となります．私たちの例題では人数を扱っていますから実現値にコンマ以下の端数が付くはずはありませんが，重さとか長さのようなアナログ量を対象とする場合を頭に描いておいてください．

　いっぽう $\chi^2$ の値が最大になるのは，実現値のうちゼロではないすべての値が，それに対応する行と列の周辺度数と等しい場合で，そのとき $\chi^2$ の値は

$$N(N_{\min} - 1) \tag{4.4}$$

　　ここで，$N$ はデータの全数

　　$N_{\min}$ は行の数と列の数のうちの小さいほうの値

となります\*．

---

\* $\chi^2$ の値が最大になるのは，たとえば右表のような場合です．なにしろ，実現値はこれ以上は偏れないほど偏っているのですから……．なお，右表の場合↗

| 1 | 0 | 0 | 0 | 1 |
| 0 | 4 | 0 | 0 | 4 |
| 0 | 0 | 0 | 5 | 5 |
| 1 | 4 | 0 | 5 | 10 |

## 4. 相関の変わり者

これで，すべての準備は完了です．実現値と期待値の食い違いを表わす$\chi^2$を式(4.4)で割った値は，行や列やデータの数に影響されず，0〜1の値に正規化されることがわかりました．その値を$q^2$とでもしましょうか．2乗して合計した値ですから$q$ではなく$q^2$としておかないと次元が釣り合わないのです．そうすると

$$q^2 = \frac{\sum \dfrac{(実現値-期待値)^2}{期待値}}{N(N_{\min}-1)} \tag{4.5}$$

であり，この$q^2$を**クラメールの関連指数**と呼んでいます．なお，相関係数と対応させるためには，これを平方に開いた$q$を用いるのがふつうです．

私たちの例題では，

式(4.5)の分子，つまり$\chi^2 = 75.21$

$N = 200$

$N_{\min} = 3$

ですから

$$q^2 = \frac{75.21}{200(3-1)} \tag{4.6}$$

$$q \fallingdotseq 0.43 \tag{4.7}**$$

---

↗　$N(N_{\min}-1) = 10(3-1) = 20$

となることを確かめていただけませんか．そうすると，なぜ最大値が式(4.4)で表わせるのかもわかってくるはずです．

＊＊　式(4.7)は数学的に厳密にいえば

　　$q \fallingdotseq \pm 0.43$

です．＋と－のどちらを採るかについては現象的な判断が必要です．この件については117ページまでお待ちください．

となります．したがって，東京，大阪，福岡の都市と，巨人，広島，横浜，阪神のファンとの間には「やや相関がある」ということができるでしょう．

ところで，ごめんどうでも 61 ページの表 4.4 をもういちど見ていただけませんか．相関係数と似た性格のクラメール関連指数はこの表中の数値を合計して作り出されています．その数値の中でいちばん貢献しているのは大阪〜阪神の 29.44，つぎが大阪〜巨人の 17.83 です．したがって，都市とファンチームとの相関は，大阪人の阪神びいき巨人ぎらいに負うところが多いといえるでしょう．さらに，東京人の阪神ぎらい巨人びいきも若干の貢献をしていることも読みとれます．

こうして，相関を調べてみると，表 4.1 の生データだけでは正確に読みとれない多くのことが明らかになってくるではありませんか．ここにも多変量解析の一端をかいま見る思いです．


## 相関比を知る

ころっと話題が変わります．大村，中村，小村の 3 君は仲良し 3 人組です．3 人そろって参加したゴルフがすでに 6 回，表 4.5 のよ

表 4.5 実力差はいかほど？

| 名　前 | スコア | | | | | | 平均 | 全平均 |
|---|---|---|---|---|---|---|---|---|
| 大　村 | 90 | 95 | 95 | 96 | 97 | 97 | 95 | |
| 中　村 | 81 | 82 | 82 | 84 | 90 | 97 | 86 | 91 |
| 小　村 | 80 | 89 | 92 | 96 | 97 | 98 | 92 | |

うな成績が残りました．この結果から，3人の間に実力の差があるといえるでしょうか．いいかえれば，大村，中村，小村という個体とゴルフスコアの間に相関があるといえるでしょうか．

大村，中村，小村は，いうまでもなく，名義尺度です．そして，ゴルフスコアは間隔尺度です．したがって，こんどは名義尺度と間隔尺度の間の相関を求めなければなりません．また未知の世界に遭遇したわけですが，しかし，問題に対処する思考過程はこれまでと似たようなところが少なくありません．

表4.5をもういちど見てください．3人がそれぞれ6回ずつの計18回のスコア全部を平均すると91になり，そして，18回のスコアは80から98までの間にばらついているのですが，いったい，このばらつきは何に由来しているのでしょうか．

第1には，3人の実力差からきている可能性があります．もし3人に実力差があれば3人のスコアには差が生じ，それは全スコアのばらつきにもろに効いてくるにちがいありません．

第2には，各人ごとのスコアのばらつきにも由来しているはずです．ゴルフは運にも左右されるし，その日の心身のコンディションによっても影響されますから，どんなに安定したプレーヤーでも毎回同じスコアにはならず，多かれ少なかれ偶然によるばらつきを伴います．この各人ごとのばらつきは18回分のスコアにそのまま持ち込まれてしまいます．

すなわち，全スコアのばらつきは，3人の実力差によるばらつきと，各人ごとの偶然によるばらつきによって構成されていると考えられます．そして，3人の実力差が決定的に大きければ，そのためのばらつきが全スコアのばらつきのほとんど全部を占めてしまうし，

反対に，3人に実力差が少なければ，そのためのばらつきは全スコアのばらつきのごく一部を占めるにすぎないでしょう．したがって，実力差に由来するばらつきが全スコアのばらつきの中に占める割合を調べれば，それが，大村，中村，小村という個体とゴルフスコアの相関の強さを示すにちがいありません．さっそく調べにかかりましょう．

まず，全スコアのばらつきの大きさを調べます．18個のデータから全平均91を引くと表4.6の上半分のようになります．これを合計するとゼロになってしまいますから，常套手段に従って2乗してから合計します．そうすると表4.6の下半分のように714を得ます．この値で全スコアのばらつきを表わすことにしましょう．すなわち

$$\text{全スコアのばらつき} = 714 \tag{4.8}$$

です．

つぎに，3人の実力差によるばらつきを求めます．各人ごとに6回ぶんのスコアを平均すると，表4.5に書いてあるように

**表4.6　スコアのばらつきの大きさは**

| 名　前 | スコア－全平均 | | | | | | 計 |
|---|---|---|---|---|---|---|---|
| 大　村 | −1 | 4 | 4 | 5 | 6 | 6 | |
| 中　村 | −10 | −9 | −9 | −7 | −1 | 6 | 0 |
| 小　村 | −11 | −2 | 1 | 5 | 6 | 7 | |
| 2乗する | | | | | | | |
| 大　村 | 1 | 16 | 16 | 25 | 36 | 36 | |
| 中　村 | 100 | 81 | 81 | 49 | 1 | 36 | 714 |
| 小　村 | 121 | 4 | 1 | 25 | 36 | 49 | |

## 4. 相関の変わり者

大村：95　　中村：86

小村：92

ですし，いまのところ3人の実力についてはこれ以外に情報がありませんから，これが3人の実力とみなすほかありません．そうすると，3人の

**表 4.7　誤差なく実力が発揮されればこうなるはず**

| 名前 | 実力 |
|---|---|
| 大村 | 95　95　95　95　95　95 |
| 中村 | 86　86　86　86　86　86 |
| 小村 | 92　92　92　92　92　92 |

それぞれが偶然の誤差に影響されないで持ち前の実力を発揮したとすると，6回ぶんのデータは表4.7のようになるはずです．

こういうわけですから，表4.7のばらつきの大きさが，即，3人の実力差によるばらつきの大きさとみなせる理屈です．それを計算すると，表4.8のように252となります．つまり

$$\text{実力差によるばらつき}=252 \qquad (4.9)$$

です．

ここで，全スコアのばらつきの中に占める実力差によるばらつきの割合を $p^2$ で表わしましょう．$p$ ではなく $p^2$ とする理由は，63

**表 4.8　実力のばらつきの大きさは**

| 名前 | 実力－全平均 | | | | | | 計 |
|---|---|---|---|---|---|---|---|
| 大　村 | 4 | 4 | 4 | 4 | 4 | 4 | |
| 中　村 | −5 | −5 | −5 | −5 | −5 | −5 | 0 |
| 小　村 | 1 | 1 | 1 | 1 | 1 | 1 | |
| 2乗する | | | | | | | |
| 大　村 | 16 | 16 | 16 | 16 | 16 | 16 | |
| 中　村 | 25 | 25 | 25 | 25 | 25 | 25 | 252 |
| 小　村 | 1 | 1 | 1 | 1 | 1 | 1 | |

ページのときと同じように次元を釣り合わせるためです．$p^2$を求めると

$$p^2 = \frac{\text{実力差によるばらつき}}{\text{全スコアのばらつき}} = \frac{252}{714} \fallingdotseq 0.35 \qquad (4.10)$$

となります．この$p^2$は**相関比**と呼ばれています．相関係数と対応させるときには，これを平方に開いて

$$p = \sqrt{0.35} \fallingdotseq 0.59$$

とすればいいでしょう．つまり，大村，中村，小村という個体とゴルフスコアとの間には0.59程度の相関があるということですから，まあ，3人の間には実力差がかなりはっきりと認められると判定することになりましょうか．

相関比をもう少し数学的に表現すれば，つぎのようになります．大村，中村，小村のような区分をカテゴリーと呼び，1つのカテゴリーに含まれるデータの数を$n$（いまの例では6）と書けば

$$p^2 = \frac{n\Sigma(\text{カテゴリー内の平均} - \text{全平均})^2}{\Sigma(\text{データの値} - \text{全平均})^2} \qquad (4.11)$$

というわけです*．

## いろいろな組合せに応用する

この章のはじめのほうで，私たちが日常的に用いている目盛りにはそれぞれの約束ごとがあり，約束のしかたによって間隔尺度，順

---

\* この例は，実験計画法でいうなら，1因子で水準が3，繰り返し数が6の実験に相当します．その場合，式(4.11)の分母を**総変動**，分子を**因子変動**といい，総変動から因子変動を差し引いた残りを**誤差変動**といいます．

## 4. 相関の変わり者

位尺度,名義尺度などに分かれる,と書きました.そして,それらの相関の強さは

　　　間隔尺度どうし　は　ピアソンの積率相関係数

　　　　　　　　　　　　　　46ページ　式(3.5)

　　　順位尺度どうし　は　スピアマンの順位相関係数

　　　　　　　　　　　　　　28ページ　式(2.5)

　　　　　　　　　　　　　　　　　　　式(2.6)

　　　名義尺度どうし　は　クラメールの関連指数

　　　　　　　　　　　　　　63ページ　式(4.5)

　　　間隔尺度と名義尺度　は　相関比

　　　　　　　　　　　　　　68ページ　式(4.11)

で知ることができると書いてきました.ここまできたからには

　　　間隔尺度　と　順位尺度

　　　順位尺度　と　名義尺度

についても,相関の強さを知る術をご紹介しておかなければ不公平というものでしょう*.そこで,この2つの場合について,相関の強さを求める実例をごらんいただこうと思うのですが,2つの場合に共通する特徴は,順位尺度を間隔尺度とみなしてしまうことです.つまり,「間隔尺度と順位尺度」はあたかも「間隔尺度どうし」のように,また,「順位尺度と名義尺度」は「間隔尺度と名義尺度」であるかのように取り扱ってしまえばいいのです.なにしろ,順位尺度は間隔についての情報が不足している間隔尺度にすぎないので

---

\* 58ページの脚注で,このほかに絶対尺度,比率尺度などの名称も紹介されていますが,相関に関する限り,これらは間隔尺度として扱っていただいて結構です.

表4.9 これはどうする

| 身長の順位 | 100mのタイム |
|---|---|
| 1 | 14 sec |
| 2 | 12 |
| 3 | 17 |
| 4 | 15 |
| 5 | 17 |

すから……．

さて，表4.9を見てください．5人の青年に100mを疾走してもらったデータがそこにあります．ただし，身長計が手元になかったせいか，身長のほうは順位だけしか記録されていません．このデータから身長と100mを走る速さの相関の強さを求めてください．

100mのタイムは間隔尺度で身長は順位尺度ですが，前述のように身長のほうも間隔尺度として相関の強さを求めればいいのですから，46ページの式(3.5)がそのまま利用できます．計算手順は表4.10のとおりであり，相関係数は

$r ≒ 0.67$

となります．表4.9のデータからは，身長と100mのタイムの間にはかなりの相関がある，となりました．

表4.10 あたかも間隔尺度どうしのように

| $x_i$ | $x_i-\bar{x}$ | $(x_i-\bar{x})^2$ | $y_i$ | $y_i-\bar{y}$ | $(y_i-\bar{y})^2$ | $(x_i-\bar{x})(y_i-\bar{y})$ |
|---|---|---|---|---|---|---|
| 1 | −2 | 4 | 14 | −1 | 1 | 2 |
| 2 | −1 | 1 | 12 | −3 | 9 | 3 |
| 3 | 0 | 0 | 17 | 2 | 4 | 0 |
| 4 | 1 | 1 | 15 | 0 | 0 | 0 |
| 5 | 2 | 4 | 17 | 2 | 4 | 4 |
| $\bar{x}=3$ | | $\Sigma=10$ | $\bar{y}=15$ | | $\Sigma=18$ | 9 |

$r = \dfrac{9}{\sqrt{10 \times 18}} ≒ 0.67$

## 4. 相関の変わり者

**表 4.11 これはどうする**

| カテゴリー | 順 位 | | | | | | カテゴリー内の平均 | 全平均 |
|---|---|---|---|---|---|---|---|---|
| 大　田 | 1 | 2 | 1 | 2 | 2 | 1 | 1.5 | |
| 中　田 | 2 | 1 | 2 | 3 | 1 | 3 | 2 | 2 |
| 小　田 | 3 | 3 | 3 | 1 | 3 | 2 | 2.5 | |

　つぎに，表 4.11 を見ていただきましょうか．大田，中田，小田の3君に，トランプゲームを6回やってもらい，その結果を記録したとでも思ってください．こんどは順位尺度と名義尺度の組合せですが，例によって順位尺度のほうは間隔尺度とみなしてしまいましょう．そうすると，数ページ前の例題とまったく同じ手順に従って式(4.11)が使えます．

　その手順を示したのが表 4.12 と表 4.13 です．表 4.12 は表 4.6 の下半分に相当します．そして表 4.13 は表 4.8 の下半分に相当す

**表 4.12　$\Sigma$(順位－全平均)$^2$**

| カテゴリー | (順位－全平均)$^2$ | | | | | | 計 |
|---|---|---|---|---|---|---|---|
| 大　田 | 1 | 0 | 1 | 0 | 0 | 1 | |
| 中　田 | 0 | 1 | 0 | 1 | 1 | 1 | 12 |
| 小　田 | 1 | 1 | 1 | 1 | 1 | 0 | |

**表 4.13　$n\Sigma$(カテゴリー内の平均－全平均)$^2$**

| カテゴリー | (カテゴリー内の平均－全平均)$^2$ | 計$\times n$ |
|---|---|---|
| 大　田 | 0.25 | |
| 中　田 | 0 | 0.5×6＝3 |
| 小　田 | 0.25 | |

どんなことにも「相関」が使える

るのですが，表 4.8 では同じ値が 6 列も並べてあったのに対して，表 4.13 ではそれを 1 列で代表し，合計してから 6 倍にしてあります．そのほうが式(4.11)には忠実でしょう．

表 4.12 と表 4.13 の結果から相関比は式(4.11)によって

$$p^2 = \frac{3}{12}$$

∴ $p = 0.5$

が得られます．大田，中田，小田のトランプゲームの実力には，かなりの相関が認められる，ということでしょう．

# 5. 直線で回帰する

## おおまかな見当で回帰すると

「真の知識は経験あるのみ」とゲーテがいっているそうです．経験しないことはほんとうには理解できないのだ，といいたいのでしょうが，私たち個人が経験できるのはごくごく限られた一部の事象にしかすぎませんから，経験しないことはわからない，などと突き放されては困ってしまいます．私の実感としては，「経験は最良の教師である．ただし，授業料が高すぎる」というカーライルの言葉に賛同したい気持ちです．

私たちの身の回りには，高い授業料を払って経験しなくても，おおよその見当がつくことがいっぱいあります．なにしろ，この世の現象はたいてい連続的に推移していますから，少しの経験からその前後左右の状況はおおよそ見当がつこうというものです．

たとえばの話，飛行機に乗って宙返りをするとからだ全体に重力の何倍もの加速度がかかります．それをGと通称するのですが，大

きなGをかけられた経験がない人にとっては，そのときどのような感じがするのか見当もつきません．けれども，いちど3Gをじっくりと味わえば，2Gや4Gの経験がなくても，その感じはおおよそ見当がつこうというものです．

本論にはいります．第3章で，面接試験の結果と入社後の実力との関係を調べたことがありました．そのデータは35ページの表3.1に記録されていますが，試験成績と入社後の実力について相関係数を求めてみたところ0.85という高い値を示し，面接試験の成績によって入社後の活躍が示唆されていることを知りました．そのときの例では，試験の成績が6点未満の受験者は不採用となっていたのですが，会社を拡充するために採用の幅を広げようと思います．もちろん，多少できの悪い社員が混じることは覚悟の上なのですが，かりに，試験成績が4点の志願者を入社させたとしたら，この社員には何点くらいの活躍が期待できるでしょうか．

私たちの手元にあるデータ，つまり表3.1のデータをグラフ用紙に書き写すと図5.1の左端のようになります．7つの黒丸が右上がりの傾向を持ちながら散在していますが，これら7つの黒丸から試験成績が4のとき入社後の活躍がいくらになるかを推定したいので

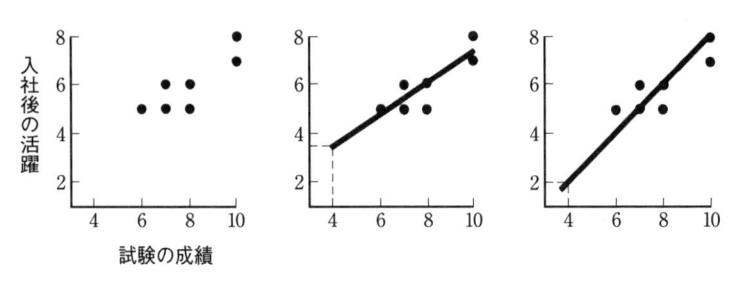

**図5.1　おおまかな見当で直線を書き入れる**

## 5. 直線で回帰する

す.こういう場合,いちばん手っとり早い方法は,7つの黒丸の位置を代表するような直線をおおまかな見当で書き入れて,横軸が4のところまで延長し,縦軸の目盛りを読みとることです.

人間の情報処理能力にはすばらしいものがあり,おおまかに書き入れた直線は多くのデータの傾向をよくつかんでおり,文字どおりいい線をいっている場合も少なくないのですが,しかし,図5.1を見てください.7つの黒丸を代表する直線をおおまかに記入した2つの例を並べてあります.両方とももっともらしく見えますが,横軸が4のときの縦軸の値は,中央の図が3.5くらい,右端の図が2くらいで,ずいぶん異なります.これでは,人間の情報処理能力に疑問符が付いてしまうではありませんか.そこで,人間の直感に頼るのではなく,もっと科学的にいくつかのデータを直線で代表する方法を節を改めてご紹介しようと思います.

なお,いくつかの点の配列を1本の曲線で代表することを**回帰**といい,とくに1本の直線で代表することを**直線回帰**といいます.そして,その直線は**回帰直線**と呼ばれています.

余談になりますが,ふつうの日本語で回帰といえば,ひとめぐりしてもとに戻ること,です.それがなぜ,いくつかの点を1本の曲線で代表することの用語になったかというと……

ある生物学者[*]は,長身の親からは長身の子が,短軀の親からは短軀の子が生まれるから,親の身長と子の身長には45°の傾きを持つ直線的な関係があるにちがいないと信じていました[**].ところが実態を調査してみたところ,大きな親はそれほど大きな子を生まず,

---

[*] Francis Galton(1822~1911),進化論で有名なダーウィンのお弟子さんです.
[**] もちろん,縦軸と横軸の目盛りが等しいとしての話です.

小さな親はそれほど小さな子を生まずに、子どもたちの身長は平均値のほうへ帰ってしまうのです。そのために親と子の身長の関係は45°よりも傾きのゆるやかな直線で表わされてしまいました。この現象に興味を感じたくだんの生物学者はこの直線を回帰直線と名付けたのだそうです。

私の場合、両親も小柄ですが私も小柄です。どうやら回帰がたりなかったみたい……。

## 科学的に回帰すると

閑話休題。回帰直線の科学的な求め方に進みましょう。図5.2を見ていただきます。黒丸の数がたった4個しかありませんが、説明を単純にするほかに他意はありませんから、気になさらないでください。そこへ、4つの黒丸の傾向をなるべく忠実に代表するような直線を記入してあります。それが

$$y = ax + b \tag{5.1}$$

の直線です。理想をいえば4つの黒丸がこの直線の上に並ぶといいのですが、なにしろ4つの黒丸がごらんのように散在しているために、どれも直線から外れてしまいました。せめてその外れっぷりが最小になるように直線を決めてやりましょう。それが、科学的な回帰というものです。

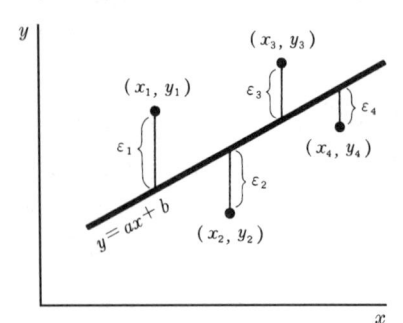

**図5.2 回帰直線を求める法**

## 5. 直線で回帰する

いまかりに，いちばん左の黒丸，つまり $(x_1, y_1)$ の点が $y=ax+b$ の直線上にあるなら

$$y_1 = ax_1 + b \tag{5.2}$$

のはずですが，事実はそれよりも $\varepsilon_1{}^*$ だけ上方に外れています．すなわち

$$y_1 = ax_1 + b + \varepsilon_1 \tag{5.3}$$

なのです．したがって，$\varepsilon_1$ は

$$\varepsilon_1 = y_1 - ax_1 - b \tag{5.4}$$

となります．この関係を，どの黒丸にも使えるような一般的な表現に書き改めれば

$$\varepsilon_i = y_i - ax_i - b \tag{5.5}$$

ということです．

さて，この $\varepsilon_i$ を全体としてもっとも小さくしてやりましょう．全体としてということですから，$\varepsilon_i{}^2$ を合計した値を最小にすればよさそうです．$\varepsilon_i$ を合計するのではなく，$\varepsilon_i{}^2$ を合計するのは60ページや66ページの思想と軌を一にしています**．$\varepsilon_i{}^2$ の合計は，式(5.5)によって

$$\Sigma \varepsilon_i{}^2 = \Sigma (y_i - ax_i - b)^2 \tag{5.6}$$

ですが，これが最小になるような $a$ と $b$ を求めるには，

---

\* $\varepsilon$ はイプシロンと読むギリシア文字で，ローマ字の e に相当します．error の頭文字に相当するので，誤差を表わす記号としてよく使われます．なお，図5.2 では $\varepsilon$ を $y$ 軸の方向にとってあります．これは，$x_i$ に対する $y_i$ のばらつきを対象としたいからです．

\*\* $\Sigma \varepsilon_i$ の絶対値を最小にしようとすれば，必ず $\Sigma \varepsilon_i = 0$ とすることができ，この1つの方程式からは2つの未知数 $a$ と $b$ を決めることができません．

$$\left.\begin{array}{l}\dfrac{\partial}{\partial a}\Sigma \varepsilon_i^2=0 \\ \dfrac{\partial}{\partial b}\Sigma \varepsilon_i^2=0\end{array}\right\} \quad (5.7)$$

を連立して解けばいいはずです*. たいしてむずかしくない運算をしていくと, 間もなく

$$\left.\begin{array}{l}\Sigma y_i - a\Sigma x_i - \Sigma b = 0 \\ \Sigma x_i y_i - a\Sigma x_i^2 - b\Sigma x_i = 0\end{array}\right\} \quad (5.8)$$

という形に到達します. ここで黒丸の数, つまり, データの数を$n$とし, $y_i$の平均を$\bar{y}$, $x_i$の平均を$\bar{x}$とすれば

$$\Sigma y_i = n\bar{y}, \quad \Sigma x_i = n\bar{x}, \quad \Sigma b = nb \quad (5.9)$$

なので, これらを式(5.8)に代入してみると

$$\left.\begin{array}{l}n\bar{y} - na\bar{x} - nb = 0 \\ \Sigma x_i y_i - a\Sigma x_i^2 - nb\bar{x} = 0\end{array}\right\} \quad (5.10)^{**}$$

を連立して解けばいいことがわかります. そこで, この連立方程式から$a$と$b$とを求めると

$$a = \dfrac{\Sigma x_i y_i - n\bar{x}\bar{y}}{\Sigma x_i^2 - n\bar{x}^2} \quad (5.11)$$

$$b = \bar{y} - a\bar{x} \quad (5.12)$$

という答が得られました.

---

* $\dfrac{\partial}{\partial a}\Sigma \varepsilon_i^2$は$\Sigma \varepsilon_i^2$の$a$による偏微分といい, 式(5.6)において$a$以外はすべて定数とみなして微分をすれば求められます. なぜ式(5.7)を連立して解けば$\Sigma \varepsilon_i^2$が最小になるような$a$と$b$が求められるかについては, 恐縮ですが, 拙書『微積分のはなし(下)』, 日科技連出版社, 204～217ページをごらんください.

** 式(5.10)は, 正規方程式といわれています.

## 5. 直線で回帰する

これで, いくつかのデータが持つ傾向をもっとも忠実に, いうなれば, もっとも小さな誤差で回帰するために

　　$y = ax + b$　　　　　　　　　　　　　　　　(5.1)と同じ

の $a$ と $b$ を決める方法が見つかりました. あとは式(5.1)の $a$ と $b$ の代わりに式(5.11)と式(5.12)とを書き込めば回帰直線の方程式ができ上がります.

これで, ひとまず成功です. 成功ではありますが, 式(5.12)のほうはまだしも, 式(5.11)のほうがおそろしげな姿をしているので, もういや, と言われる方があるかもしれません. けれども, 心配ご無用……. これらの式はまさに張り子の虎であり, むずかしくもなんともありません.

## ちょいと計算

論より証拠……, 図5.1の左端に描いた7個の黒丸を回帰する直線を求めてみましょう. 試験の成績(横軸)を $x$, 入社後の活躍(縦軸)を $y$ とすると, 7個のデータは表5.1の左側の2列で表わされます. $x_i$ と $y_i$ のそれぞれを合計してデータの数7で割ると

　　$\bar{x} = 8$,　　$\bar{y} = 6$

を得ます. つぎに, $x_i$ と $y_i$ をかけ合わせて合計すれば

　　$\sum x_i y_i = 345$

です. さらに, $x_i$ を2乗して合計すれば

　　$\sum x_i^2 = 462$

です. あとは, これらの値を式(5.11)に代入してください.

表5.1 ちょいちょいと計算する

| $x_i$ | $y_i$ | $x_i y_i$ | $x_i^2$ |
|---|---|---|---|
| 10 | 8 | 80 | 100 |
| 10 | 7 | 70 | 100 |
| 8 | 6 | 48 | 64 |
| 8 | 5 | 40 | 64 |
| 7 | 6 | 42 | 49 |
| 7 | 5 | 35 | 49 |
| 6 | 5 | 30 | 36 |
| $\Sigma x_i = 56$ | $\Sigma y_i = 42$ | $\Sigma x_i y_i = 345$ | $\Sigma x_i^2 = 462$ |
| $\bar{x} = 8$ | $\bar{y} = 6$ | | |

$$a = \frac{\Sigma x_i y_i - n\bar{x}\bar{y}}{\Sigma x_i^2 - n\bar{x}^2}$$

$$= \frac{345 - 7 \times 8 \times 6}{462 - 7 \times 8^2} = \frac{345 - 336}{462 - 448} = \frac{9}{14} \tag{5.13}$$

さらにこれを式(5.12)に代入すると

$$b = \bar{y} - a\bar{x} = 6 - \frac{9}{14} \times 8 = \frac{6}{7} \tag{5.14}$$

となります．したがって，7つのデータをもっとも少ない誤差で回帰する直線は

$$y = \frac{9}{14}x + \frac{6}{7} \fallingdotseq 0.64x + 0.86 \tag{5.15}$$

であることが判明しました．これで終わりです．式(5.11)の姿にかかわらず運算の過程がぜんぜんむずかしくなかったことに同意していただけることと信じます．

さっそく式(5.15)の直線を7つのデータの中に書き入れてみたの

が図 5.3 です．これが誤差のもっとも
少ない回帰直線です．図 5.1 の中央が
ほぼ正しい回帰であり，右端の図はず
いぶん偏見に満ちているのでした．そ
れに気づかないところに，おおまかな
見当のおそろしさがあります．

**図 5.3 これだ**

うっかり忘れるところでした．私た
ちは試験成績が 4 点の志願者を入社さ
せた場合，何点くらいの活躍が期待できるかを調べているところで
した．この問題に答えましょう．私たちのデータによると，試験成
績 $x$ と入社後の活躍 $y$ との間には，式(5.15)の関係があるという
のですから，この $x$ に 4 を代入して $y$ を計算すればいいはずです．

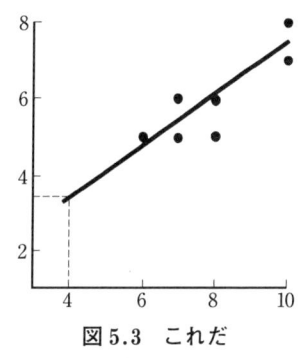

$y ≒ 0.64 × 4 + 0.86 ≒ 3.4$

となり，この志願者には 3.4 点くらいの活躍を期待するのがいいと
ころ，とでました．

なお，77 ページから 78 ページにかけての操作のように，ずれや
誤差の 2 乗の合計を最小にするような手法を**最小 2 乗法**といいます．
したがって，この節でご紹介してきた直線での回帰は，最小 2 乗法
による直線回帰というわけです．

## 回帰直線のもう 1 つの表わし方

いくらか心苦しいのですが，ここで，あまり楽しくない数式に付
き合っていただかなければなりません．第 3 章で $x_i$ と $y_i$ の相関係
数

$$r=\frac{\Sigma(x_i-\bar{x})(y_i-\bar{y})}{\sqrt{\Sigma(x_i-\bar{x})^2\Sigma(y_i-\bar{y})^2}} \qquad (3.5)と同じ$$

を

$$\frac{1}{n}\Sigma(x_i-\bar{x})^2=s_x^2 \qquad (3.7)と同じ$$

$$\frac{1}{n}\Sigma(y_i-\bar{y})^2=s_y^2 \qquad (3.8)と同じ$$

$$\frac{1}{n}\Sigma(x_i-\bar{x})(y_i-\bar{y})=s_{xy} \qquad (3.9)と同じ$$

という関係を利用し,ついでに $r$ を $r_{xy}$ と改めて

$$r_{xy}=\frac{s_{xy}}{s_x s_y} \qquad (3.10)と同じ$$

と書き表わしたことがありました.形がすっきりしているばかりではなく,これから先,この形を使うことが多いからでした.この章でも

$$a=\frac{\Sigma x_i y_i - n\bar{x}\bar{y}}{\Sigma x_i^2 - n\bar{x}^2} \qquad (5.11)と同じ$$

を,$s_{xy}$ などで表わしておかなければなりません.つぎの章で,さっそく必要になるからです.

式(5.11)を,式(3.7)〜式(3.10)と

$$\Sigma y_i=n\bar{y}, \qquad \Sigma x_i=n\bar{x}, \qquad \Sigma b=nb \qquad (5.9)と同じ$$

を使って変形すると,たいした苦労なく

$$a=\frac{s_{xy}}{s_x^2} \qquad (5.16)$$

$$= r_{xy} \frac{S_y}{S_x} \tag{5.17}$$

が得られます．運算はむずかしくありませんから，気になる方は各人で確かめてみていただけませんか．

また，私たちはすでに

$$b = \bar{y} - a\bar{x} \qquad \text{(5.12)と同じ}$$

であることを知っていますから

$$y = ax + b \qquad \text{(5.1)と同じ}$$

に式(5.12)と式(5.16)あるいは式(5.17)を代入すると回帰直線の式は

$$y = \frac{S_{xy}}{S_x^2} x + \bar{y} - \frac{S_{xy}}{S_x^2} \bar{x}$$

$$\therefore \quad (y - \bar{y}) = \frac{S_{xy}}{S_x^2} (x - \bar{x}) \tag{5.18}$$

$$\text{または} \quad (y - \bar{y}) = r_{xy} \frac{S_y}{S_x} (x - \bar{x}) \tag{5.19}$$

であることがわかります．ご辛抱，ありがとうございました．

## 直線であることの限界

一寸先は闇，という言葉もあるし，そのためにカタストロフィーの理論もあるのですが，一般的にいえば，この世の現象はたいてい連続的に変化していますから，少しの経験からでもその前後左右の状況はおおよそ見当がつくという認識にたって，回帰直線を未経験の領域にまで延長し，試験成績が 4 点の志願者を入社させると 3.4

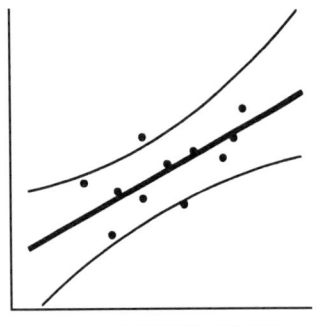

**図5.4 信頼限界が広がる**

点くらいの活躍しか期待できない,などとやってきました.ところが,常識的に考えても気がつくように,ひと口に未経験の領域といっても,経験のある領域のごく近くならだいたい正しく推測できるのに対して,遠方のほうはどうしても誤差が大きくなってしまうにちがいありません.

その有様を描いてみたのが図5.4です.黒点で印されたいくつかのデータから最小2乗法によって求めた回帰直線が記入してあります.黒点で表わされたデータから回帰直線を求めると図のようになるのですが,データ数は有限ですからデータそのものに誤差が含まれており,したがって,それらから求めた回帰直線にも誤差が含まれていることは認めざるを得ません.

それでは,誤差のない真の回帰直線が —— それは神様にしかわからないのですが —— ある確率(ふつうは95%)で存在していると信じていいのはどの範囲でしょうか.統計学的ないいまわしを使うなら,回帰直線の信頼限界はどこでしょうか.

この質問に答えるのが図5.4に記入された2本の曲線です.回帰直線の信頼限界の求め方は,この本のレベルを超えるので省略しますが*,信頼限界は図中の2本の曲線のように,データが実在するあたりに比べ,左右に遠ざかるにつれて幅が広くなっていきます.

---

* 回帰直線の信頼限界の求め方については,たとえば,『多変量解析法』(改訂版),奥野忠一,久米均,芳賀敏郎,吉澤正著,日科技連出版社,84~88ページなどを参照してください.

## 5. 直線で回帰する

つまり，回帰直線があてにならなくなっていくのです．したがって，回帰直線を使って未経験の領域を推測する場合，あまり遠くのほうまで回帰直線を延長するのは考えものです．

それに，もう1つ留意しなければいけないことがあ

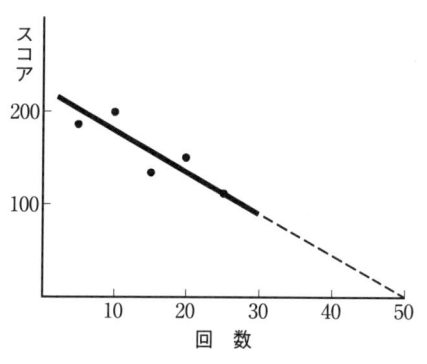

**図5.5 たいへんなことになる？**

ります．図5.5を見てください．これは凝り性のある男が，ゴルフをはじめてから5回おきのスコアを記録したものとしましょう．ゴルフは，規定のコースを回るためにボールを何回打ってしまったかを競うゲームですから，スコアは少ないほどよく，なるほど，この男の腕前はめきめきと向上しているのがわかります．そこで，うれしくなったくだんの男は，将来のスコアを占いたい一心からこの本の76ページ～81ページを勉強して，5回ぶんのスコアを最小2乗法を使って直線回帰し，それを図5.5に記入してみました．

ごらんください．あと十数回もコースに出ればプロさえ及ばない好スコアが出せると欣喜雀躍したものの，はっと気がつくと50回めくらいにはマイナスのスコアになるというのです．マイナスのスコアとはどういうことでしょうか．そのようなことは絶対にありえないのです．何かがまちがっています．最小2乗法による直線回帰のどこにまちがいがあるのでしょうか．

まちがいは，直線で回帰したところにあります．昔から反復練習による能力の向上は，直線的ではなく指数関数的であることが通説

になっているのに，それを知ってか知らずか直線で回帰し，しかも，かなり先のほうまで延長してしまったところに間違いがあります．ゴルフのスコアを回帰してかなり先のほうまで延長してみようと思うなら，直線の方程式

$$y = ax + b \qquad (5.1)と同じ$$

ではなく，指数関数の式

$$y = \alpha e^{-\beta x} \qquad (5.20)$$

を登場させ，最小2乗法によって$\alpha$と$\beta$を決めて，その曲線で回帰しなければなりません．たとえば，図5.6のように，です．こうすれば，ゴルフ上達の軌跡をかなり先のほうまで読むことができます．

このように，直線ではなく，種々の曲線で回帰しなければならない現象も，この世には少なくありません．現実の問題として，潮の干満や季節に影響されるような現象には三角関数を含む曲線を，また，増殖と抑止の両方が作用するときにはゴンペルツ曲線やロジス

ティック曲線というような, 不気味な曲線をあてはめて回帰をするなどの作業も行なわれています.

しかしながら, 回帰曲線をあまり先のほうまで延長するのでなければ, 2次曲線, つまり

$$y = ax^2 + bx + c \tag{5.21}$$

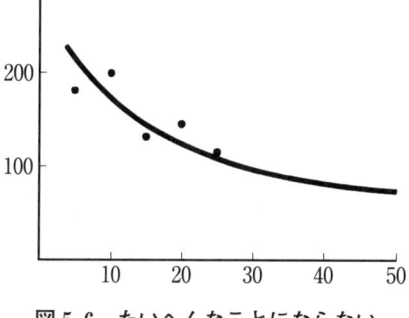

**図 5.6 たいへんなことにならない**

をあてはめればじゅうぶんな場合が多いし, また, ごく狭い範囲だけを回帰するなら, ほとんどの場合, 直線回帰で満足していいでしょう*.

いずれにせよ, 直線回帰をするときには, その性格と限界をよく承知したうえで適正な使い方をしなければなりません. どのような手法を使う場合でも, そうであるようにです.

---

* 式(5.20)の $\alpha$ と $\beta$, また, 式(5.21)の $a$ と $b$ と $c$ を最小2乗法によって決める手順は 78 ページあたりの手順と同じです. ただし, たいへんごちゃごちゃします.

# 6. 重回帰分析のはなし

### 羊肉を売るために

この本もどうやら峠にさしかかったようです．ここまでに，いろいろなタイプの相関について，その性格や相関の強さを求める方法をご紹介し，さらに，相関のある2つの変量を直線で回帰する方法について書いてきました．ただ残念なことに，いままでのところは，いずれも2つの変量について相関を求めたり，回帰をしたにすぎません．

相関や回帰は多変量解析のいちばんの基礎であるばかりではなく，部分的には多変量解析の手法の一部でさえあるのですから，2変量間の相関や回帰に多くのページを費やすことがまちがっているわけではありませんが，それにしても，多変量解析は文字どおりたくさんの変量が入り混じった現象を解明するのがうたい文句ですから，いつまでも2変量だけを相手にしていては羊頭をかかげて狗肉を売るの感を免れません．そこで，この節では多変量を相手に相関や回

帰を取り扱って，看板に偽りのない証としようと思います．

さっそく，表6.1を見てください．いちばん右側の一列を除けば，35ページの表3.1と同じです＊．私たちは，そのデータを使って第3章では$z$と$x$の相関係数を計算し，第5章では回帰直線を求めたうえで，面接試験が4点の志願者を採用するなら入社後には3.4点くらいの活躍を期待するのが妥当，などという推察をしたのでした．

こんどの表6.1では，それに右端の一列が追加されています．すなわち，入社試験が面接と学科について行なわれるものとして，入社して活躍している7名の面接と学科の成績を一覧表にしてあります．羊頭に敬意を表して，とりあえず変量を3つに増加したのです．このデータをもとにして，面接の点数と学科の点数とから，どのように入社後の活躍が予測されるかを調べてみましょう．

すぐに気がつくやり方は，面接と学科の合計点，つまり$x_i+y_i$を

**表6.1 多変量解析らしくする**

| 姓 | 現在の実力 $z_i$ | 面接の成績 $x_i$ | 学科の成績 $y_i$ |
|---|---|---|---|
| 山 中 | 8 | 10 | 6 |
| 田 口 | 7 | 10 | 9 |
| 中 田 | 6 | 8 | 8 |
| 山 口 | 6 | 7 | 6 |
| 中 山 | 5 | 8 | 9 |
| 山 田 | 5 | 7 | 5 |
| 田 中 | 5 | 6 | 6 |

---

＊ 表3.1では，現在の実力を$y$としてありました．したがって，第3章では$y$と$x$の相関係数が計算され，第5章では$y=ax+b$の直線が使われていました．この章では変量が3つに増えたので，現在の実力が$z$に変わっています．お間違えないよう……．

表 6.2 へたなやり方

| $z_i$ | $x_i+y_i$ |
|---|---|
| 8 | 16 |
| 7 | 19 |
| 6 | 16 |
| 6 | 13 |
| 5 | 17 |
| 5 | 12 |
| 5 | 12 |

表 6.2 のように求め，それと $z_i$ との相関の強さを計算したり，回帰直線を求めて入社後の活躍を予測したりする方法です．けれども，この方法は上等ではありません．なぜかというと，せっかく面接と学科に分けて得点が記録されているのに，その情報を捨ててしまっているからです．その結果，面接が4点で学科が8点の志願者と，面接が8点で学科が4点の志願者の区別がつかなくなってしまいました．もしも，面接と学科のどちらか一方の成績が入社後の活躍を決定的に決めているなら，面接と学科との区別を無視するような予測のやりかたは最低ではありませんか．

そこで，節を改めて $x$ と $y$ からいっきに $z$ が計算できるような回帰式を作ることにしましょう．すなわち，前の章では $x$ と $y$ との関係を直線で回帰するための式を作ったのに対して，この章では $x$ と $y$ とで $z$ を回帰するような平面の式を作ろうと思うのです．

## 回帰平面を求める

図 6.1 は回帰平面を求めるための説明図です．この図は，回帰直線を求めるときに使った 76 ページの図 5.2 と同じ性格を持っています．異なるところは，図 5.2 が回帰直線を求めるための平面図であるのに対して，図 6.1 は回帰平面を求めるために描いた立体の略画である点と，図 5.2 ではデータを示す黒丸が4つも書き込まれていたのに対して，図 6.1 では図を見やすくするために1つだけしか書き込んでいない点だけです．したがって，話は回帰直線の方程式

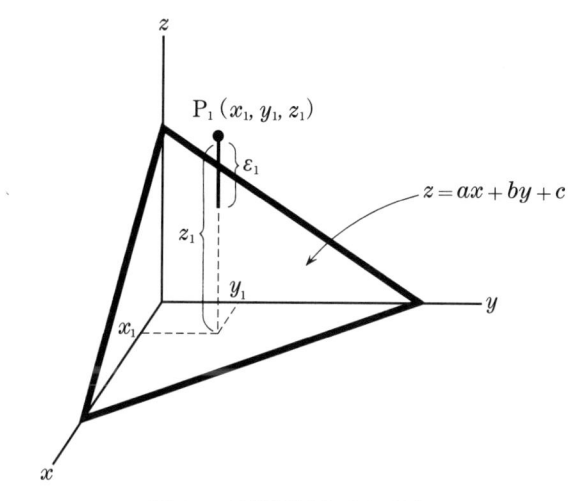

**図 6.1　回帰平面を求める法**

を求めた 76 ページあたりと同じ筋書きで進みます.

$x \sim y \sim z$ の立体座標上に表示されたいくつかのデータを代表するような平面を

$$z = ax + by + c \tag{6.1}$$

としましょう. もしその平面上にデータを表わす $P_1$ があるなら

$$z_1 = ax_1 + by_1 + c \tag{6.2}$$

となるはずですが, 残念ながら $\varepsilon_1$ だけ離れているので, 現実は

$$z_1 = ax_1 + by_1 + c + \varepsilon_1 \tag{6.3}$$

$$\therefore \ \varepsilon_1 = z_1 - ax_1 - by_1 - c \tag{6.4}$$

です. これを, どのデータにも当てはまるように書けば

$$\varepsilon_i = z_i - ax_i - by_i - c \tag{6.5}$$

です. ここで, 式(6.1)の平面がすべてのデータからもっとも近い距離にあるように, すなわち

$$\Sigma \varepsilon_i^2 = \Sigma(z_i - ax_i - by_i - c)^2 \tag{6.6}$$

が最小となるように，$a$ と $b$ と $c$ を決めましょう．そのためには

$$\left. \begin{aligned} \frac{\partial}{\partial a}\Sigma \varepsilon_i^2 &= 0 \\ \frac{\partial}{\partial b}\Sigma \varepsilon_i^2 &= 0 \\ \frac{\partial}{\partial c}\Sigma \varepsilon_i^2 &= 0 \end{aligned} \right\} \tag{6.7}$$

を連立して解けばいいはずです．この運算はむずかしくはありませんが，手数がかかります．めげずに，ごりごりと解いていきましょう．

$$\left. \begin{aligned} \Sigma x_i &= n\bar{x}, \quad \Sigma y_i = n\bar{y} \\ \Sigma z_i &= n\bar{z}, \quad \Sigma c = nc \end{aligned} \right\} \tag{6.8}$$

に協力してもらい，さらに

$$\left. \begin{aligned} \frac{1}{n}\Sigma(x_i-\bar{x})^2 &= s_x^2 \\ \frac{1}{n}\Sigma(y_i-\bar{y})^2 &= s_y^2 \\ \frac{1}{n}\Sigma(z_i-\bar{z})^2 &= s_z^2 \end{aligned} \right\} \tag{6.9}$$

$$\left. \begin{aligned} \frac{1}{n}\Sigma(x_i-\bar{x})(y_i-\bar{y}) &= s_{xy} \\ \frac{1}{n}\Sigma(y_i-\bar{y})(z_i-\bar{z}) &= s_{yz} \\ \frac{1}{n}\Sigma(z_i-\bar{z})(x_i-\bar{x}) &= s_{xz} \end{aligned} \right\} \tag{6.10}$$

を代入すると，結局

$$a=\frac{S_{xz}S_y{}^2-S_{xy}S_{yz}}{S_x{}^2S_y{}^2-S_{xy}{}^2} \tag{6.11}^*$$

$$b=\frac{S_x{}^2S_{yz}-S_{xy}S_{xz}}{S_x{}^2S_y{}^2-S_{xy}{}^2} \tag{6.12}^*$$

となります．$a$ と $b$ が求まれば，$c$ は

$$c=\bar{z}-a\bar{x}-b\bar{y} \tag{6.13}$$

によって容易に算出できようというものです．これで，変量が3つの場合についての回帰平面を求める方程式がわかりました．さっそく，実地に応用してみましょう．

## 実例を回帰してみる

もぎたての式(6.11)と式(6.12)を活用するための題材は，もちろん，表6.1です．ごめんどうでも89ページをめくって，面接の成績 $x_i$ と学科の成績 $y_i$ とから入社後の成績 $z$ を知るための回帰式を

---

\* 式(6.11)と式(6.12)は行列式を使って表わすと

$$a=\frac{\begin{vmatrix} S_{xz} & S_{xy} \\ S_{yz} & S_y{}^2 \end{vmatrix}}{\begin{vmatrix} S_x{}^2 & S_{xy} \\ S_{yx} & S_y{}^2 \end{vmatrix}}, \quad b=\frac{\begin{vmatrix} S_x{}^2 & S_{xz} \\ S_{yx} & S_{yz} \end{vmatrix}}{\begin{vmatrix} S_x{}^2 & S_{xy} \\ S_{yx} & S_y{}^2 \end{vmatrix}}$$

となります．また，$S_{xy}=s_xs_yr_{xy}$ などの関係を使えば

$$a=\frac{s_z}{s_x}\frac{r_{xz}-r_{xy}r_{yz}}{1-r_{xy}{}^2}$$

$$b=\frac{s_z}{s_y}\frac{r_{yz}-r_{xy}r_{xz}}{1-r_{xy}{}^2}$$

と表わすこともできます．

作ろうとしているところだったと、思い出していただきましょう．

式(6.11)や式(6.12)を使うためには、分散 $s_x^2$ などや共分散 $s_{xy}$ などが必要ですから、まず、それらを求めます．分散や共分散は式(6.9)や式(6.10)で計算するのですが、ご参考までにその計算過程の一部を表6.3にしておきました．表中の

$\Sigma(x_i-\bar{x})^2=14, \quad \Sigma(y_i-\bar{y})^2=16$

$\Sigma(x_i-\bar{x})(y_i-\bar{y})=7$

の値から、データ数が7であることに注意して、直ちに

$s_x^2=14/7=2.00, \quad s_y^2=16/7\fallingdotseq 2.29$

$s_{xy}=7/7=1.00$

が求められます．同様にして、$s_z^2$, $s_{xy}$ なども容易に計算できますから、それらを求めて一覧表にしたのが表6.4です\*．

ここまでくれば —— ここまでだって、たいしたことはなかったけれど —— あとは、これらの数値を式(6.11)と式(6.12)に代入するだ

**表6.3 念のため**

| $x_i$ | $x_i-\bar{x}$ | $(x_i-\bar{x})^2$ | $y_i$ | $y_i-\bar{y}$ | $(y_i-\bar{y})^2$ | $(x_i-\bar{x})(y_i-\bar{y})$ |
|---|---|---|---|---|---|---|
| 10 | 2 | 4 | 6 | $-1$ | 1 | $-2$ |
| 10 | 2 | 4 | 9 | 2 | 4 | 4 |
| 8 | 0 | 0 | 8 | 1 | 1 | 0 |
| 7 | $-1$ | 1 | 6 | $-1$ | 1 | 1 |
| 8 | 0 | 0 | 9 | 2 | 4 | 0 |
| 7 | $-1$ | 1 | 5 | $-2$ | 4 | 2 |
| 6 | $-2$ | 4 | 6 | $-1$ | 1 | 2 |
| $\bar{x}=8$ | | $\Sigma=14$ | $\bar{y}=7$ | | $\Sigma=16$ | $\Sigma=7$ |

---

\* 表6.4の中の＝は、正確には≒です．今後、表の中でも本文中でも、とくに断らずに≒の黒点を省略することがあります．お許しを……．

## 6. 重回帰分析のはなし

**表 6.4 基本的な数値を求める**

|  | 平均 | 分散 | 標準偏差 | 共分散 |
|---|---|---|---|---|
| 面接 $x$ | $\bar{x}=8$ | $s_x^2=2.00$ | $s_x=1.41$ | $s_{xy}=s_{yx}=1.00$ |
| 学科 $y$ | $\bar{y}=7$ | $s_y^2=2.29$ | $s_y=1.51$ | $s_{yz}=s_{zy}=0.143$ |
| 実力 $z$ | $\bar{z}=6$ | $s_z^2=1.14$ | $s_z=1.07$ | $s_{zx}=s_{xz}=1.29$ |

けです.すなわち,

$$a=\frac{1.29\times 2.29-1.00\times 0.143}{2.00\times 2.29-1.00^2}\fallingdotseq 0.785$$

$$b=\frac{2.00\times 0.143-1.00\times 1.29}{2.00\times 2.29-1.00^2}\fallingdotseq -0.280$$

そして,式(6.13)によって

$$c=6-0.785\times 8+0.280\times 7\fallingdotseq 1.68$$

となります.したがって,$z$ を知るための回帰方程式は

$$z\fallingdotseq 0.785x-0.280y+1.68 \tag{6.14}$$

なのであります.

ここで,面接 $x$ が 4 点で学科 $y$ が 8 点の志願者と,面接が 8 点で学科が 4 点の志願者を比較してみてください.

$$x=4,\quad y=8\quad \text{なら}\quad z\fallingdotseq 2.58$$
$$x=8,\quad y=4\quad \text{なら}\quad z\fallingdotseq 6.84$$

となるではありませんか*.前者にはろくな働きが期待できないのに対して,後者はずいぶんと働いてくれそうです.この両者が区分できないようでは会社にとっても大きな損失です.90 ページの表

---

\* 表 6.2 の合計点によって $z$ を回帰する式は
 $$z\fallingdotseq 0.227(x+y)+2.60$$
 となり,$x+y=12$ とすると,$z$ は 5.32 くらいになります.

6.2のように，面接と学科の合計点で人物を評価する方法に比べて，回帰方程式による評価が優れている理由がここにあります．

## 相関を強める混ぜ合わせ

面接の得点$x$と学科の得点$y$を合計した値で能力$z$を予測するより，めんどうでも式(6.14)のように，$x$と$y$が独立に使われる回帰式によって$z$を調べるほうが優れていると書いてきましたが，さらに，別の観点から眺めるとこの事実がもっと明らかになります．

$x$と$y$，$x$と$z$，$y$と$z$の相関の強さを求めてみましょう．相関の強さを表わす相関係数は

$$r_{xy} = \frac{s_{xy}}{s_x s_y} \qquad \text{(3.10)と同じ}$$

などによって計算できますし，$s_x$や$s_{xy}$などはすでに95ページの表6.4で求めてありますから簡単です．たとえば

$$r_{xy} \fallingdotseq \frac{1.00}{1.41 \times 1.51} \fallingdotseq 0.47$$

というぐあいです．同じように，$r_{xz}$と$r_{yz}$を求めると

$$r_{xz} \fallingdotseq 0.85 \qquad (6.15)$$

$$r_{yz} \fallingdotseq 0.09 \qquad (6.16)$$

と出ます．見てください．$x$と$z$，つまり面接と実力の間には強い相関があるのに対して，$y$と$z$，つまり学科と実力の間にはほとんど相関がないのです．

いっぽう，$x$と$y$との合計点と$z$との相関はどうでしょうか．表6.2の値によって計算してみると

$$r_{z(x+y)} \fallingdotseq 0.53 \tag{6.17}$$

となります.$z$ に対して 0.85 の相関を持つ $x$ と,$z$ に対して 0.09 の相関しか持たない $y$ とを同じウエイトで加え合わせた $(x+y)$ との相関ですから,まあ,このくらいの値になっても不思議はありません.

けれども,考えてみてもください.もともと $r_{xz}$ は 0.85 もあるのです.$x$ に $y$ を加えることによって相関係数が 0.53 にまで引き下げられるくらいなら,学科試験の得点 $y$ を屑かごに捨てて,面接試験の得点 $x$ だけで実力を評価したほうが,ずっとましではありませんか.まさに,そのとおりなのです.

ここで,目をみはるような事実をご紹介できるのでうきうきしてしまいます.私たちが前の節で手に入れた回帰式

$$z \fallingdotseq 0.785x - 0.280y + 1.68 \tag{6.14}$$と同じ

によって得られる $z$ と,データの値 $z_i$ との相関係数を調べてみましょう.どうやるのかというと,定数項は相関係数を求める運算の過程で消えてしまいますから,はじめから省略して

$$u_i = 0.785 x_i - 0.280 y_i \tag{6.18}$$

の値と,表 6.1 の $z_i$ の値とによって相関係数を計算すればいいのです.計算してみると表 6.5 のように

$$r_{zu} \fallingdotseq 0.92 \tag{6.19}$$

という大きな値となるのです.これなら,$r_{xz}$ の 0.85 よりかなり強い相関を示していますから,学科の得点 $y$ を屑かごに捨てるのではなく,$x$ といっしょに利用したほうが正しい実力を判定できようというものです.このように,相関の弱い $y$ も加え方によっては相関を引き下げるのではなく,引き上げることがあるのです.

実は,$x$ と $y$ とによる $z$ の回帰方程式は,$z$ ともっとも相関が強

表 6.5 四捨五入の結果, つじつまの合わないところがあります

| $x_i$ | $y_i$ | $u_i$ | $u_i-\bar{u}$ | $(u_i-\bar{u})^2$ | $z_i$ | $z_i-\bar{z}$ | $(z_i-\bar{z})^2$ | $(u_i-\bar{u})(z_i-\bar{z})$ |
|---|---|---|---|---|---|---|---|---|
| 10 | 6 | 6.17 | 1.86 | 3.46 | 8 | 2 | 4 | 3.72 |
| 10 | 9 | 5.33 | 1.02 | 1.04 | 7 | 1 | 1 | 1.02 |
| 8 | 8 | 4.04 | −0.27 | 0.07 | 6 | 0 | 0 | 0.00 |
| 7 | 6 | 3.81 | −0.50 | 0.25 | 6 | 0 | 0 | 0.00 |
| 8 | 9 | 3.76 | −0.55 | 0.30 | 5 | −1 | 1 | 0.55 |
| 7 | 5 | 4.09 | −0.22 | 0.05 | 5 | −1 | 1 | 0.22 |
| 6 | 6 | 3.03 | −1.28 | 1.64 | 5 | −1 | 1 | 1.28 |
| | | $\bar{u}=4.31$ | | $\Sigma=6.81$ | $\bar{z}=6$ | | 8 | $\Sigma=6.79$ |

$$r=\frac{6.79}{\sqrt{6.81\times 8}}\fallingdotseq -0.92$$

くなるよう $x$ と $y$ とにウエイトを配分して作られているのです。これは,また

$$u_i=ax_i+by_i \qquad (6.20)$$

が,$z_i$ に対して相関が最大になるような $x_i$ と $y_i$ の混ぜ合わせ方を教えているといいかえることができるでしょう*.

## 単純合計が相関を強める条件

前節では,面接の得点 $x$ と学科の得点 $y$ とを平凡にたし合わせた値がどんなにつまらないものであるかを力説してきました。しかし現実には,このようなことが当然のように行なわれているではあり

---

\* 本文中では,$x$, $y$, $z$ のそれぞれを「面接の成績」,「学科の成績」,「現在の実力」という用語の代わりに使用し,$x_i$, $y_i$, $z_i$ はそれらのデータの値として使っています。よくやる手です。

## 6. 重回帰分析のはなし

ませんか．それにはきっと理由があるはずです．

第1の理由は，実力$z$との相関が最大になるように$x$と$y$のウエイトを決めるためには，$z \sim x \sim y$の実績がデータとして必要ですが，いつもこのようなデータが入手できるとは限らないことです．

第2の理由は，たとえそのようなデータが入手できても，そのデータによって$x$と$y$の最適ウエイトを決める方法が一般には知られていないことです．この章を読まれた方々にとっては，すでに，この理由は消滅してしまいましたが……．

第3の理由は，この章での力説にかかわらず，多くの場合，$x$と$y$とを平凡に加え合わせた値がけっこう役に立つことを経験的に知っているからです．

正直な話，限定された条件のもとでは，$x$と$y$を平凡に合計した値もなかなかのものなのです．平凡に合計した値をやや不当に誹謗したことへのお詫びもかねて，この節では，$x+y$がなかなかの値であるための条件に触れてみようと思います．

では，表6.6を見ていただきましょうか．この表は，すでになんべんも使用した表6.1とそっくりです．異なるところを見つけるの

**表6.6 どこかで見たような**

| 姓 | 現在の実力 $z_i$ | 面接の成績 $x_i$ | 学科の成績 $y_i$ |
|---|---|---|---|
| 山　中 | 8 | 10 | 9 |
| 田　口 | 7 | 10 | 6 |
| 中　田 | 6 | 8 | 8 |
| 山　口 | 6 | 7 | 9 |
| 中　山 | 5 | 8 | 6 |
| 山　田 | 5 | 7 | 5 |
| 田　中 | 5 | 6 | 6 |

表6.7 再び,基本的な数値を求める

|  | 平均 |  | 共分散 | 相関係数 |
|---|---|---|---|---|
| 面接 $x$ | $\bar{x}=8$ | $s_x^2=2.00$ | $s_{xy}=s_{yx}=0.571$ | $r_{xy}=r_{yx}=0.27$ |
| 学科 $y$ | $\bar{y}=7$ | $s_y^2=2.29$ | $s_{yz}=s_{zy}=1.00$ | $r_{yz}=r_{zy}=0.62$ |
| 実力 $z$ | $\bar{z}=6$ | $s_z^2=1.14$ | $s_{zx}=s_{xz}=1.29$ | $r_{zx}=r_{xz}=0.85$ |

表6.8 へたかな?

| $z_i$ | $x_i+y_i$ |
|---|---|
| 8 | 19 |
| 7 | 16 |
| 6 | 16 |
| 6 | 16 |
| 5 | 14 |
| 5 | 12 |
| 5 | 12 |

に苦労するくらいですが,相関の強さの関係を変えるために $y_i$ の値がいくつか入れ換えてあります.表6.6からは,すっかり手なれた計算を繰り返すとわけもなく表6.7のような各種の値が求まります.

こんどは

$$r_{xz}=0.85, \quad r_{yz}=0.62 \qquad (6.21)$$

です.$x$ は $z$ に対して 0.85,$y$ は $z$ に対して 0.62 の相関を持っています.それなら,$x_i$ と $y_i$ とを平凡に合計した $(x_i+y_i)$ は $z_i$ に対してどのくらいの相関を持つでしょうか.きっと,0.85 と 0.62 の中間くらいの値になるにちがいないと思うのですが,意外や意外……,表6.8に $z_i$ と $x_i+y_i$ が対比してありますから,その相関を求めてみてください.

$$r_{z(x+y)}=0.92 \qquad (6.22)$$

となり,$r_{xz}$ と $r_{yz}$ のどちらよりも大きな値になります.これなら $y$ のデータを屑かごに捨てたりしないで,$x+y$ で $z$ を評価するのが得策です.

念のために,表6.7の数値を使って $z$ の回帰平面を求めてみると

$$z=0.560x+0.297y-0.559 \qquad (6.23)$$

となりますから,$x_i$ と $y_i$ を 0.560 : 0.297 のウエイトを付けて加え

合わせた値，つまり

$$u_i = 0.560 x_i + 0.297 y_i \tag{6.24}$$

を使用してみれば $z_i$ に対して最大の相関係数が発生するはずです．計算してみるとそのときの相関係数は

$$r_{zu} = 0.94 \tag{6.25}$$

となりました．$x_i$ と $y_i$ とを平凡に加え合わせたときの 0.92 は相関係数の最大値と比べてもほとんど見劣りのしない結構な値であったことがわかります．

念には念を入れて，$x_i$ と $y_i$ の混ぜぐあいを変化させながら，$z_i$ に対する相関の強さ $r$ をグラフに描いてみると図 6.2 のようになります．$x_i$ と $y_i$ の混ぜぐあいによって相関係数が $r_{xz}$ と $r_{yz}$ のどちらよりも大きくなる範囲があり，その範囲の中に $x_i$ と $y_i$ との単純合計（$x_i$ の割合が 0.5）が含まれていることがわかります．

では，単純合計（$x_i + y_i$）と $z_i$ との相関が $r_{xz}$ と

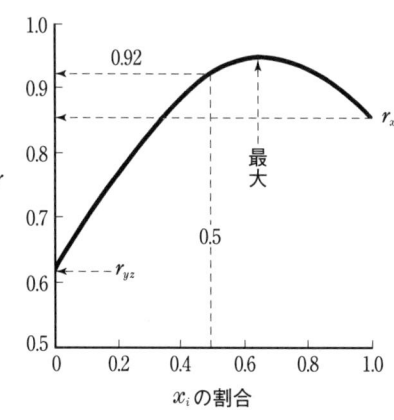

**図 6.2** $x_i$ と $y_i$ の混ぜぐあいを変えると

---

\* $s_x$ と $s_y$ が異なるときに $x_i$ と $y_i$ を単純に合計すれば，そのことだけで $x$ と $y$ に不公平が生じます．得点が 0 点から 10 点までの間にちらばる科目と，6 点から 8 点の間におさまる科目の得点を単純に合計する場合を考えていただくと合点がいくでしょう．$s_x$ と $s_y$ をそろえるテクニックについては，拙書『評価と数量化のはなし』111 ページをご参照ください．

$r_{yz}$ のどちらよりも強くなるためには，どのような条件を満たさなければならないのでしょうか．$s_x = s_y$ という理想的な場合について*，理屈は省略して結論だけ書くと，$r_{xz}$ と $r_{yz}$ の小さいほうを分子におくことにすれば

$$\frac{r_{yz}}{r_{xz}} > \sqrt{2(1+r_{xy})} - 1 \tag{6.26}$$

ただし，$r_{xz} \geq r_{yz}$ の場合

が，その条件です．図 6.3 はこの条件を描いたものです．この図からもわかるように，相関が上昇するためには

(1) $r_{xy}$ はなるべく小さいほうがいい

(2) $r_{xz}$ と $r_{yz}$ はなるべく近いほうがいい

ということになります．

(1) について補足すると，$r_{xy}$ が大きいなら面接の良い人は学科も良いということですから，面接か学科のどちらか一方を試験すれば他方は試験をするまでもないことを意味します．$r_{xy}$ が小さいときこそ，面接と学科の両方を試験する価値があるはずです．

(2) について補足するなら，面接も学科も実力

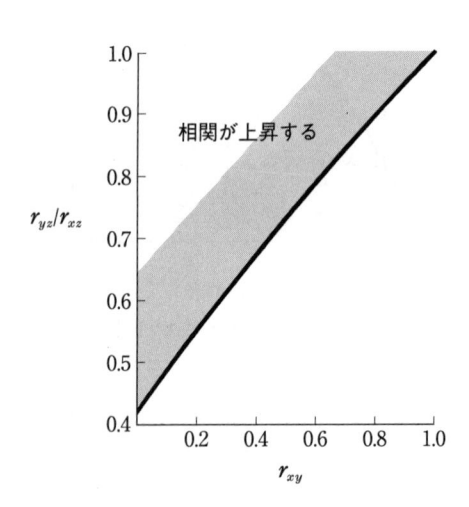

**図 6.3　相関が上昇する条件**
（ただし，$s_x = s_y$）

## 混合の割合でよくも悪くもなる

に強く影響すると考えるから両方の試験をするのであって，その場合には$r_{xz}$と$r_{yz}$は近い値になっているにちがいありません．実力にあまり関係がないことを承知のうえで，手間ひまかけて試験をするはずはありませんから．

こうしてみると，現実の社会で$x_i$と$y_i$を平凡に加え合わせる場合には，式(6.26)の条件が自然に満たされていることが多いと推察されます．そして，その条件が満たされているなら，$z$を評価するためには$(x_i+y_i)$がなかなか結構な値なのです．立場を変えていうなら，$z \sim x \sim y$の実績データがないために$x_i$と$y_i$の最適のウエイトを知る術がないならば，前記の(1)と(2)が成り立つように注意を払ったうえで$(x_i+y_i)$の値を使えばいい，となります*．

---

\* データの混ぜ合わせについては，拙書『評価と数量化のはなし』にも別の観点
  からの解説がしてあります．

## 重回帰分析

ここまでの展開の中で，$z$を$x$と$y$とで回帰するための式

$$z = ax + by + c \qquad (6.1)と同じ$$

の各定数は，式(6.11)，式(6.12)，式(6.13)で求められ

$$u_i = ax_i + by_i \qquad (6.20)と同じ$$

で与えられる$u_i$を作ると，$z_i$と$u_i$から算出した$r_{zu}$が相関係数の最大値となると書いてきました．実は，このときの相関係数は**重相関係数**と呼ばれる値で

$$r_{zu}^2 = \frac{a s_{xz} + b s_{yz}}{s_z^2} \qquad (6.27)^*$$

で表わされます．いかにも$z$に対する$x$の影響と$y$の影響とを$a:b$で混ぜ合わせているらしい式ではありませんか．ここで，表6.1から表6.4を経過し，さらに表6.5の手数をかけて求めた

$$r_{zu} \fallingdotseq 0.92 \qquad (6.19)と同じ$$

や，表6.6の場合についての

$$r_{zu} = 0.94 \qquad (6.25)と同じ$$

が，式(6.27)によって手軽に計算できることを確かめていただければ幸いです．

---

\* 重相関係数を表わす記号として$r_{z \cdot xy}$を使うことが多いのですが，これでは，$x$と$y$の積と$z$との相関の強さを表わすように感じるので，私は好きになれません．かといって，$r_{z(ax+by)}$も記号としては長すぎます．グッド・アイデアはありませんか．

なお，**偏相関係数**という値があり，221ページの付録5にご紹介しておきましたが，こちらのほうは$r_{xz \cdot y}$と書かれることが多く，紛らわしくて困ります．

ところで，前の章では2つの変量間の相関や回帰を対象としていたのに対して，この章では変量が3つに増えたのでいくらか多変量解析らしくなり，羊頭狗肉のそしりはひとまず回避できたように思います．そしてさらに変量の数が増加しても相関や回帰の使い方は同様です．たとえば，変量が4つの場合の例として

  入社後の実力  を  $w$
  面接の得点   を  $x$
  学科の得点   を  $y$
  体力の得点   を  $z$

とするなら，$x$，$y$，$z$ による $w$ の回帰方程式は

$$w = ax + by + cz + d \tag{6.28}$$

とおいて，91ページとまったく同じ手順を踏めば，計算はめんどうですが，ともかく，$a$，$b$，$c$，$d$ を求めることができ，$x_i$ と $y_i$ と $z_i$ とを $a:b:c$ の割合で混ぜ合わせた値が $w_i$ に対してもっとも相関が強くなるところも，いままでと同じです*．変数が5つ，6つ，…と増えても状況はこれまでの延長線上にあります．計算の手間もその延長線上でぐんぐんと上昇するところが玉にきずですが，

---

\* 式(6.28)の $a$，$b$，$c$ は

$$a = \frac{\begin{vmatrix} s_{xw} & s_{xy} & s_{xz} \\ s_{yw} & s_y^2 & s_{yz} \\ s_{zw} & s_{zy} & s_z^2 \end{vmatrix}}{\begin{vmatrix} s_x^2 & s_{xy} & s_{xz} \\ s_{yx} & s_y^2 & s_{yz} \\ s_{zx} & s_{zy} & s_z^2 \end{vmatrix}}, \quad b = \frac{\begin{vmatrix} s_x^2 & s_{xw} & s_{xz} \\ s_{yx} & s_{yw} & s_{yz} \\ s_{zx} & s_{zw} & s_z^2 \end{vmatrix}}{\text{左と同じ}}, \quad c = \frac{\begin{vmatrix} s_x^2 & s_{xy} & s_{xw} \\ s_{yx} & s_y^2 & s_{yw} \\ s_{zx} & s_{zy} & s_{zw} \end{vmatrix}}{\text{左と同じ}}$$

となります．93ページの脚注も参照しながらこの規則性をのみ込めば，変量がいくつに増えてもだいじょうぶです．

これはパソコンにでも助けてもらえばいいでしょう.

式(6.28)による回帰のように, 2つ以上の変量を混ぜ合わせて1つの変量を回帰することを**重回帰**といいます. この章のように2つの変量を混ぜ合わせて1つの変量を回帰することを**平面回帰**といいますが, 平面回帰も重回帰の一部です. そして, 1つの変量を1つの変量で回帰する直線回帰は, 重回帰と対比するときには**単回帰**と呼ばれます. 同様に, 2つの変量間の相関は, 重相関と対比して**単相関**と呼ばれるときもあります.

私たちはこの章で, すべての変量が間隔尺度(点数)で表わされる場合だけを取り扱ってきました. けれども, 変量が他の尺度で表わされる場合, たとえば, 車の交通量は金曜日, 5と10の付く日, 雨の日, ラッシュアワーに多くなるという通説を立証しようとするなら

　　曜日　は　順位尺度
　　日付　は　名義尺度
　　天候　は　晴れ・くもり・雨の順位尺度
　　時刻　は　間隔尺度

として交通量(間隔尺度)との相関を求めたり回帰をしたりする必要が生じます. これは一筋縄ではいかないかもしれませんが, この章の考え方を参考にすれば, いろいろな知恵が出てきそうです. 各人で知恵を絞ってみていただけると幸いです.

この章では, 3つ以上の変量が互いにからみ合うとき, 相関と回帰を使って, からみ合いの有様を発見したり, 最適のからみ合いを作り出したりするための考え方と手順とをご紹介しました. これはふつう**重回帰分析**と呼ばれ, 多変量解析を築き上げる骨組みのひとつと認知されている手法です.

# 7. 因子分析のはなし

## 因子を特定する

　「目を細める」は，日本では愉悦の表情ですが，欧米では疑惑の表情だそうです．また，日本では，ばてたときに「あごを出す」のですが，欧米では身構えるときに「あごを出す」のだそうです．ずいぶん受け取り方が異なるものです．こんな調子では，ユーモラスなエリマキトカゲには惹かれず怪奇なタランチュラに魅せられたり，かわいいばかりのコアラより凄みのあるバンパイアにうち込んだりする人たちがいても不思議ではありません．

　私たちは第1章で，エリマキトカゲやタランチュラなどタレント界の代表6匹を登場させて，タレント性を決定づける要因を特定しようと思いたちました．そして，手がかりを得るために5人の評価員にタレント界の代表6匹を採点してもらった結果を眺めながら，ひょっとすると，各タレントの得点の相関が要因を特定するための切り札になるのではないかと気がついたのでした．そこで，まずし

っかりと「相関」に取り組む必要が生じ，ついでに相関と深いつながりを持つ「回帰」へと寄り道をしたために，長い間，タレント性の要因を特定する作業を中断したままに放置してしまいました．申しわけなく思います．やっともとの作業をつづけるときが参りました．

あまり長い時間が経ってしまいましたので，タレント界の6代表を5人の評価員が採点した結果の一覧表を再掲しましょう．それが下の表1.1です．第1章にこんな表があったことを思い出していただけたでしょうか．

12ページにも書いたように，エリマキトカゲとコアラの得点は傾向がよく似ています．すなわち，エリマキトカゲに高い点数を与えた評価員はコアラにも高い点数を与えているし，エリマキトカゲに低い点数を付けた評価員はコアラにも低い点数しか付けていないのです．エリマキトカゲとコアラの得点について相関係数を計算してみてください．計算手順は第3章でなんべんも繰り返したとおりですが，だいぶ昔のことなので念のためにもういちどだけ書きますと，表7.1のようになります．ごらんのとおり，

表1.1 タレント界の名士を採点する

| タレント ＼ 評価員 | 10歳(男) | 20歳(女) | 30歳(男) | 40歳(女) | 50歳(男) | 計 |
|---|---|---|---|---|---|---|
| エリマキトカゲ | 3 | 3 | 3 | 1 | 1 | 11 |
| タランチュラ | 2 | 3 | 1 | 2 | 2 | 10 |
| コ ア ラ | 3 | 3 | 2 | 1 | 1 | 10 |
| チョハッカイ | 1 | 2 | 2 | 2 | 3 | 10 |
| カラステング | 3 | 2 | 3 | 1 | 3 | 12 |
| バンパイア | 1 | 2 | 2 | 3 | 1 | 9 |
| 計 | 13 | 15 | 13 | 10 | 11 | 62 |

0.91

という大きな値となりました．エリマキトカゲとコアラの得点の間にはこれほど強い相関があるのですから，エリマキトカゲとコアラに共通な要因がタレント性を決める重要な要因であるにちがいありません．

同じようにして，タレント2匹ずつの組合せについて，すべての相関係数を計算してください．表7.2のようになるはずです．この形式の表はあまり見やすくないのですが，いちばん紙面を節約できるし，新幹線の料金表などにもこの形式が使われているので，ここ

表7.1 もういちどだけ $r$ を求める手順を

| エ$_i$ | エ$_i$－エ̄ | (エ$_i$－エ̄)$^2$ | コ$_i$ | コ$_i$－コ̄ | (コ$_i$－コ̄)$^2$ | (エ$_i$－エ̄)(コ$_i$－コ̄) |
|---|---|---|---|---|---|---|
| 3 | 0.8 | 0.64 | 3 | 1 | 1 | 0.8 |
| 3 | 0.8 | 0.64 | 3 | 1 | 1 | 0.8 |
| 3 | 0.8 | 0.64 | 2 | 0 | 0 | 0.0 |
| 1 | －1.2 | 1.44 | 1 | －1 | 1 | 1.2 |
| 1 | －1.2 | 1.44 | 1 | －1 | 1 | 1.2 |
| エ̄＝2.2 | | Σ＝4.80 | 2 | | Σ＝4 | 4.0 |

$r = \dfrac{4.0}{\sqrt{4.8 \times 4}} \fallingdotseq -0.91$

表7.2 すべての組合せについて $r$ を求める

| | バン | カラ | チョ | コア | タラ |
|---|---|---|---|---|---|
| エリマキトカゲ | －0.22 | 0.41 | **－0.65** | **0.91** | 0.00 |
| タランチュラ | 0.00 | －0.40 | 0.00 | 0.35 | |
| コ　ア　ラ | －0.30 | 0.28 | **－0.71** | | |
| チョハッカイ | 0.00 | 0.00 | | | |
| カラステング | **－0.87** | | | | |

でも採用させてもらいました．さて，この表の中で目をひく大きな値は

  エリマキトカゲ～コアラ　　　　　0.91
  カラステング～バンパイア　　　－0.87

であり，つづいて少し値は下がりますが

  コアラ～チョハッカイ　　　　　－0.71
  エリマキトカゲ～チョハッカイ　－0.65

なども目につきます．あとはぐっと落ちて0.41以下ですから，とりあえず無視していいでしょう．

 さあ，相関の強いタレントどうしに共通な要因を探しにかかりましょう．タレント性を決めそうな要因を列挙してみると，12ページにも書いたように

  容姿，表情，体形，…(中略)…，生殖法
  財産の有無，…エト・セトラ…

といくらでも思いつくのですが，ここでは重要な要因を選び出す手順をご紹介するのが目的ですから，思いきりはしょり，表7.3のように，容姿，体形などの7項目だけを取り上げることにします＊．

 容姿の欄に「滑」とあるのは滑稽であることを，また，「怪」とあるのは怪奇であることを表わします．体形は「太め」と「細め」に，体毛は「あり」と「なし」に区分してあります．カラステングは体毛があるのかもしれませんが，いつも行司のような衣装をきち

---

 ＊ 検討対象とする要因は，それぞれ独立であるように選定するのがじょうずなやり方です．容姿，容貌，顔つきなど互いに関連のある項目を選ぶと，手間ばかりかかってつまりません．独立については5ページの脚注でも触れましたが，さらに123ページの脚注でも触れるつもりです．

## 7. 因子分析のはなし

**表7.3 評価員の目のつけどころは，ここだ**

|  |  | 容姿 | 体形 | 体毛 | 動作 | 生殖 | 擬人 | 役柄 |
|---|---|---|---|---|---|---|---|---|
|  | エリマキトカゲ | 滑 | 細 | なし | 敏 | 卵 | No | 主 |
|  | タランチュラ | 怪 | 太 | あり | 敏 | 卵 | No | 主 |
|  | コ　ア　ラ | 滑 | 太 | あり | 鈍 | 胎 | No | 主 |
|  | チョハッカイ | 滑 | 太 | あり | 鈍 | 胎 | Yes | 三 |
|  | カラステング | 滑 | 細 | なし | 敏 | 胎 | Yes | 三 |
|  | バンパイア | 怪 | 細 | なし | 敏 | 胎 | Yes | 主 |
| 相関の強さ | エリ〜コア | ◎ |  |  |  |  | ◎ | ◎ |
|  | カラ〜バン | ◎ |  |  |  |  |  | ◎ |
|  | コア〜チョ |  |  |  |  |  | ○ | ○ |
|  | エリ〜チョ |  | ○ | ○ | ○ | ○ | ○ | ○ |

んと着けていて確認できないので「なし」にしておきました．動作は「敏」と「鈍」に，生殖は「卵生」と「胎生」に分けてあります．そして擬人化されているか否かについては「Yes」と「No」で答え，タレントとしての役柄は「主役」と「三枚目」に分類しました．これらの区分にはいろいろと疑義があるかもしれませんが，目をつぶっておいてください．

さて，エリマキトカゲとコアラには強い正の相関があるのですから，両者に共通な要因を探しましょう．表7.3のエリマキトカゲとコアラの行を見比べると容姿のところの「滑」，擬人の「No」，役柄の「主」だけが等しいことがわかります．そこで，容姿，擬人，役柄の欄に◎を与えましょう．

つぎに，カラステングとバンパイアには強い負の相関があったことを思い出してください．こんどは負の相関ですから両者が反対の性質を示す要因を探しましょう．カラステングとバンパイアが反対

相関を手がかりに因子を探る

の性質を示すのは容姿と役柄です．したがって，容姿と役柄の欄に◎を与えます．

また，コアラとチョハッカイ，エリマキトカゲとチョハッカイの2組にも，ほどほどの負の相関が認められますから，これらの2組についても反対の性格を示す要因を探して，その要因に○を与えてください．

こうしてできたのが，表7.3の下半分です．見てください．評価員がタレントを観察するとき知らず知らずにいちばん深い関心を寄せていたのは，タレントの役柄であったことがわかりました．つづいて，容姿や擬人化されているか否かもタレントの人気を決める大きな要因になっているようです．こうして，タレント性を決定する大きな要因は，役柄，容姿，擬人化であることが判明しました．このように，相関をじょうずに利用して主な要因を見つけ出す手法を**因子分析**といいます．

突然，因子という用語が出現したので戸惑われたかもしれません．

要因と因子の使い分けは，きちんと定義されているわけではありませんが，おおざっぱにいうと，結果に影響を与えそうな主要な原因を要因と通称し，要因のうち意識的に取り上げたものを因子と呼ぶと思えばいいでしょう．したがって，110ページに列挙したものを要因，表7.3に取り上げた7項目を因子と使い分けたほうがよかったかもしれません．

## まず，調査の価値を確認する

　子供たちの創造力を開発するために，いろいろな音を聞かせたうえで，その印象を色や形で表現させることが行なわれていると聞きます．そのとき子供たちが描いた色や形には，おとながはっとするようなものが多いのだそうですが，そうなると創造力を開発する必要があるのは子供ではなく，おとなではないかと疑問が生じます．

　私の印象では，フルートの音は黄色，バイオリンは紫，チェロは茶色，ホルンは白，…なのですが，皆さまはいかがでしょうか．きっと個人差がかなりあるように思えます．それにしても音から連想する色彩は何によって決まるのでしょうか．音の高低でしょうか．音色でしょうか．そこのところを調べてみようと思います*．

　音の高低は振動の周波数の大小によって決まり，いっぽう，音色

---

＊　音の高低，音色に強弱を加えて音の3要素といいます．高低は振動の周波数で，音色は振動の波形で決まることは本文中に書いたとおりですが，強弱(大小ともいいます)は振動の振幅によって決まります．昔は「音が高い」と「音が強い」とをごちゃ混ぜにしていたようです．「大声で話す」ことを「声高に話す」というのも，そのせいかもしれません．

は振動の波形に強く影響されます．そこで，調査に使う楽器としては

  音が高く，波形がきれいな　　フルート
  音が高く，波形が複雑な　　バイオリン
  音が低く，波形がきれいな　　ホルン
  音が低く，波形が複雑な　　チェロ

を選ぶことにしましょう．そして，これらの楽器の音から受ける印象を調査員たちに

  赤，青，黄

のどれかで答えてもらうことにしましょう．白，紫，茶色などの色の数が多くなると調査結果の解析がめんどうなので，絵の具の3原色だけを代表に選んだのです．

さて，感性の豊かな6人の調査員の協力を得て，4種の楽器の音から受ける印象を色で表現してもらったところ，表7.4のような調査結果を得たと思ってください．この結果から音の2つの要素，すなわち，高さと音色のどちらかが色彩を決めているかを知るには，どのような手順を踏んだらいいでしょうか．

まず，ほんとうに4種の楽器の音と3種の色彩の間に相関がある

**表7.4　こういう結果になったとする**

|  | フルート | バイオリン | ホルン | チェロ |
|---|---|---|---|---|
| 松　子 | 黄 | 赤 | 黄 | 青 |
| 竹　夫 | 青 | 赤 | 黄 | 赤 |
| 梅　子 | 黄 | 赤 | 黄 | 青 |
| 福　夫 | 黄 | 赤 | 黄 | 青 |
| 禄　子 | 赤 | 黄 | 青 | 黄 |
| 寿　夫 | 黄 | 青 | 青 | 青 |

かどうかを確かめる必要があります．何の相関もないなら，高さも音色も色彩には無関係なのですから，どちらかが色彩を決めているかを調査しても骨折り損のくたびれ儲けになるに決まっているではありませんか．そういうわけで，表7.4を4種の楽器と3種の色彩のためのクロス集計表に書き直します．それが表7.5です．

**表7.5 これが実現値**

| 色彩＼楽器 | フルート | バイオリン | ホルン | チェロ | 計 |
|---|---|---|---|---|---|
| 赤 | 1 | 4 | 0 | 1 | 6 |
| 青 | 1 | 1 | 2 | 4 | 8 |
| 黄 | 4 | 1 | 4 | 1 | 10 |
| 計 | 6 | 6 | 6 | 6 | 24 |

この表ができると，楽器と色彩の相関の強さを知るためにクラメールの関連指数を求める手順は60ページ〜63ページと同じです．表4.2，表4.3，表4.4に対応する手順をいっきょに書き下ろすと表7.6のようになり

$$\Sigma \frac{(実現値-期待値)^2}{期待値} = \chi^2 = 12.61 \tag{7.1}$$

ですから，63ページの式(4.5)によって

$$q^2 = \frac{\chi^2}{N(N_{\min}-1)} = \frac{12.61}{24(3-1)} \fallingdotseq 0.26 \tag{7.2}$$

となり，したがって相関係数に相当する$q$は

$$q \fallingdotseq 0.51 \tag{7.3}$$

となります．すなわち，4種の楽器の音と色彩の間には，かなりの相関があることがわかりました．これなら，色彩を決める要素が音

表 7.6 $\chi^2$ の値を求める

|  | フルート | バイオリン | ホルン | チェロ |
|---|---|---|---|---|
| 期 待 値 | 1.5<br>2.0<br>2.5 | 1.5<br>2.0<br>2.5 | 1.5<br>2.0<br>2.5 | 1.5<br>2.0<br>2.5 |
| 実現値<br>－期待値 | －0.5<br>－1.0<br>1.5 | 2.5<br>－1.0<br>－1.5 | －1.5<br>0.0<br>1.5 | －0.5<br>2.0<br>－1.5 |
| (上表の値)²<br>期待値 | 0.17<br>0.50<br>0.90 | 4.17<br>0.50<br>0.90 | 1.50<br>0.00<br>0.90 | 0.17<br>2.00<br>0.90 |
| 計＝$\chi^2$ | 12.61 | | | |

の高低か音色かの調査を開始する価値があるでしょう．

## 簡易な方法でいいこともある

では，調査にかかるとしましょうか．そのためには，表7.4のデータによって，各楽器に与えられた色彩どうしの相関を調べる必要があります．ちょうど前節で各タレントに与えられた得点どうしの相関を調べたようにです．ただし，こんどは得点ではなく名義尺度としての色彩が与えられているので，クラメールの関連指数を利用しなければなりませんから，ちとめんどうです．

一例として，フルートとバイオリンの相関を求めてみましょう．この両者に与えられた色彩をクロス集計表にしたのが表7.7です．この表から表7.6と同様な手順で$\chi^2$を求めると

## 7. 因子分析のはなし

$$\chi^2 \fallingdotseq 6.38 \quad (7.4)$$

となりますから

$$q^2 \fallingdotseq \frac{6.38}{6(3-1)} \fallingdotseq 0.53 \quad (7.5)$$

したがって，相関係数に匹敵する $q$ は

$$q \fallingdotseq 0.73 \quad (7.6)$$

**表 7.7 フルートとヴァイオリンのクロス集計表**

| バイオリン\フルート | 赤 | 青 | 黄 | 計 |
|---|---|---|---|---|
| 赤 | 0 | 1 | 3 | 4 |
| 青 | 0 | 0 | 1 | 1 |
| 黄 | 1 | 0 | 0 | 1 |
| 計 | 1 | 1 | 4 | 6 |

としたいところですが，ちょっと待ってください．数学的に厳密にいうならば

$$q \fallingdotseq \pm 0.73 \quad (7.7)$$

であり，＋を取るかーを取るかは現象的な判断にまたなければなりません．そこで，もういちど表 7.7 を見てください．表の中で度数がいちばん大きいのはフルート黄〜バイオリン赤の 3 です．つまり黄〜赤という異色の組合せがいちばん多く，他の組合せはぐんと落ちるのです．もしも，赤〜赤，青〜青，黄〜黄という同色の組合せが多いなら，フルートとバイオリンには正の相関があると考えられますが，同色の組合せが少なく，異色の組合せが多いのですから，フルートとバイオリンの相関は負であるにちがいありません．こうして私たちは，

$$q \fallingdotseq -0.73 \quad (7.8)$$

と判断することになります*．

このように現象的な判断を加えながら，各楽器に与えられた色彩

---

\* $q$ の値の正負……，これが 63 ページの脚注に対する答えです．

どうしの相関の強さを算出して一覧表にしたのが表7.8です．こうしてみると，どの相関もずいぶん強そうに思えます．けれども問題はマイナス符号の付いた値です．前節の例題のように，「滑」に対しては「怪」，「細」に対しては「太」と対語が配置されているなら，負の相関は反対側を支持するという積極的な意味があります．ところが，赤，青，黄は互いに反対ではなく，いうなれば正三角形の3つの頂点のような関係にあります．したがって，この場合には負の相関には「外れ」くらいの意味しか発見できません．ですから，せっかく求めた表7.8ではありますが，負の相関のところの利用価値は残念ながら少ないのです．

**表7.8 色彩による相関は，こういうところ**

|       | チェロ | ホルン | バイオリン |
|-------|--------|--------|------------|
| フルート | $-1.00$ | **0.67** | $-0.72$ |
| バイオリン | **0.72** | $-1.00$ | |
| ホ ル ン | $-0.67$ | | |

そのくらいなら，各楽器に与えられた色彩どうしの相関の強さを判定するのに，もっと簡易な方法を利用したほうが得策です．たとえば，表7.4のバイオリンとチェロの列を比べてみると

　　　竹夫(赤)，禄子(黄)，寿夫(青)

の3人が両方の楽器に同じ色彩を感じています．そこでバイオリンとチェロの相関の強さを3としましょう．同じようにして各楽器どうしの同じ色彩の数を数えて一覧表にしたのが表7.9です．

　　　フルート　　と　ホルン
　　　バイオリン　と　チェロ

の間にずば抜けて強い相関が認められるではありませんか．

ずいぶん荒っぽいやり方だなと不服に思われるかもしれませんが，この例題でははじめに4種の楽器の音と3種

**表 7.9 等しい色彩の数**

|  | チェロ | ホルン | バイオリン |
|---|---|---|---|
| フルート | 0 | **3** | 0 |
| バイオリン | **3** | 1 |  |
| ホルン | 1 |  |  |

の色彩の間にかなりの相関があることを確かめてありますから，あとはその相関に貢献しているペアを発見するために2つの楽器どうしの相関を比較するだけでいいのです．

ともあれ，こうして

　　　フルートとホルン，　バイオリンとチェロ

の間に強い正の相関があることを知りましたので

　　　フルートは　　　音が高く，波形がきれい
　　　バイオリンは　　音が高く，波形が複雑
　　　ホルンは　　　　音が低く，波形がきれい
　　　チェロは　　　　音が低く，波形が複雑

であったことと対比してみてください．フルートとホルンに共通なのは「波形がきれい」であり，バイオリンとチェロに共通なのは「波形が複雑」ですから，楽器の音から連想される色彩を決めている要因は振動の波形，つまり音色であると判定されます．音色という言葉はいい得て妙，ではありませんか．

　この章では，1番めの例題ではタレント性を決める因子を，2番めの例題では楽器の音から連想される色彩を決める因子を特定することに成功しました．そして，いずれもその手順をご説明するための例題にすぎませんから，評価員や調査員もたったの5〜6名でし

た．実際にこの手法を現実問題に利用するなら，こんなに手を抜いたのでは結論の信頼性が低くて使いものになりません．せめて数十人ぶんくらいのデータが必要でしょう．

それに，タレント性に影響があるかもしれないと取り上げて検討の対象とした要因，楽器の音から連想される色彩，調査の対象とした楽器なども，私たちの例題ではものたりない感じですから，実用のときにはもっと幅を広げるほうがいいでしょう．

いずれにせよ，現実問題に利用するときには，この章の例よりはかなりの手間がかかることは覚悟しなければなりません．それにしても，やっかいな数学などはほとんど使わずに一応の結論を得ることができるのですから，身の回りの問題に応用してみていただければ幸いです．

もっとも，高等数学を使わなければ高級ではないと思い込んでおられる一部の先生方からは，この程度のものは因子分析とはいわない，とお叱りを受けるかもしれません．そこで，節を改めて，もう少しコーキューな手法もご紹介することにしましょう．

## ベクトルの助けを借りて

エリマキトカゲやチョハッカイが登場したかと思うと，プロ野球の順位や入社試験の成績，ゴルフのスコアから，ついにはトランプゲームにいたるまで話題が転々として，われながら支離滅裂ではなかろうかと心配のあまり，やや情緒不安定です．その反作用もあって前節では楽器の音から連想する色彩を題材にしました．きれいな題材だったと誉めていただけるでしょうか．

## 7. 因子分析のはなし

　こんどもきれいな題材を選びます．3種類の花

　　　もくせい，じんちょうげ，さくら

を対象に，仁，義，礼，智，信という儒教の世界から抜け出してきたような5名の人たちに，

　　　大好き　　　　　3
　　　好き　　　　　　2
　　　好きではない　　1

の基準に従って点数を付けてもらったところ表7.10のような結果を得ました．そして，どうせ相関係数が必要になるにちがいありませんから，先手をうって計算すると

　　　もくせい～じんちょうげ　　0.75
　　　もくせい～さくら　　　　 −0.35
　　　じんちょうげ～さくら　　　0.35

となりました．これらの値を手がかりに，花に対する好みを支配している因子を2つだけ見つけてください．

　もちろん，花の色，花の形，花の大きさ，香り，咲く季節，木の大きさなど思いつくままに要因を列挙して，いままでの例題と同じ手順を踏めば一応の答が出ますが，ここでは，列挙した要因にこだわらずに相関の強さのほうから因子を割り出してみようと思うのです．つまり，要因がまったく思い当たらないような場合に因子を見つけ出す方法をくふうしようというわけです．

**表7.10　5人が付けた点数**

|   | もくせい | じんちょうげ | さくら |
|---|---|---|---|
| 仁 | 1 | 2 | 3 |
| 義 | 3 | 3 | 2 |
| 礼 | 3 | 3 | 2 |
| 智 | 1 | 1 | 2 |
| 信 | 2 | 1 | 1 |

そのためには、ちょっとした準備をしなければなりません。少々めんどうですが、なにしろコーキューなのですからしばらくがまんして付き合ってください。

まず、ベクトル*という小道具を登場させます。ベクトルは1本の矢印にすぎないのですが、その長さと方向に具体的な意味を持っているところが特徴です。たとえば、速度をベクトルで表わすなら矢印の方向は移動の方向を、矢印の長さは速さを表現するし、力をベクトルで表わすなら矢印の方向は力が作用する方向を、長さは力の大きさを意味するというようにです。日常会話でも、「みんないっしょうけんめいに働いているのだけれど、ベクトルの方向がまちまちだからダメ……」というぐあいに使われます。

そこで私たちは、もくせい、じんちょうげ、さくらのそれぞれを1本ずつのベクトルで表わそうと思うのですが、その前にちょっとした細工をします。表7.10のデータをそのまま使うのではなく、それぞれの花についての平均値——この例ではどの花も2点——を差し引いて、表7.11のように修正してからベクトルに描くことにします。

**表7.11　3種の花のベクトル成分**

|   | もくせい | じんちょうげ | さくら |
|---|---|---|---|
| 仁 | −1 | 0 | 1 |
| 義 | 1 | 1 | 0 |
| 礼 | 1 | 1 | 0 |
| 智 | −1 | −1 | 0 |
| 信 | 0 | −1 | −1 |

たとえば、もくせいのベクトルは、仁軸と智軸の方向には−1の成分を、義軸と礼軸の方向には1の成分を有し、信軸方向には成分を持たないベクトルです。

---

\* ベクトルの基礎をきちんと知っておきたい方は、拙書『行列とベクトルのはなし』、日科技連出版社、をどうぞ……。

## 7. 因子分析のはなし

つまり，もくせいベクトルは互いに直交\*する仁，義，礼，智，信の5本の座標軸で構成される5次元空間に存在する矢印であり，3次元空間しか知覚することのできない私たちにとっては互いに直交する5本の座標軸など，どうなっているのか見当もつきませんし，そのような空間に存在するベクトルは見ることも触れることもできないのですが，固いことはいわずに図7.1のように堂々と1本の矢印を描いてしまいましょう．

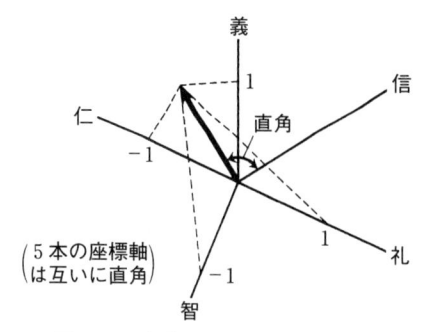

**図7.1 もくせいベクトルの勇姿**

ところで，もくせいベクトルの長さはどうでしょうか．

$$\text{ベクトルの長さ} = \sqrt{(-1)^2 + 1^2 + 1^2 + (-1)^2 + 0^2} \qquad (7.9)$$

です\*\*．いっぽう，もくせいに与えられた点数の標準偏差は

---

\* 仁，義，礼，智，信の5人は互いに相談することなく採点をしていますから互いに独立です．独立な座標軸は直交しなければなりません．直交していないと一方の座標の値が変化すると他方も変化してしまうので独立性が保たれないからです．拙書『評価と数量化のはなし』135ページに具体例を挙げて説明してあります．

\*\* たとえば，3次元にあるベクトルの先端の座標が$(3, 1, 2)$であるとします．そのとき，図からわかるように

$$\overline{OP} = \sqrt{3^2 + 1^2}$$

したがって

ベクトルの長さ＝↗

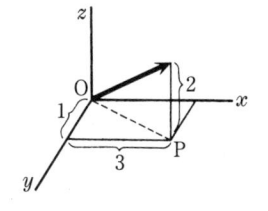

**相関**

**ベクトルの角度が相関を表わす**

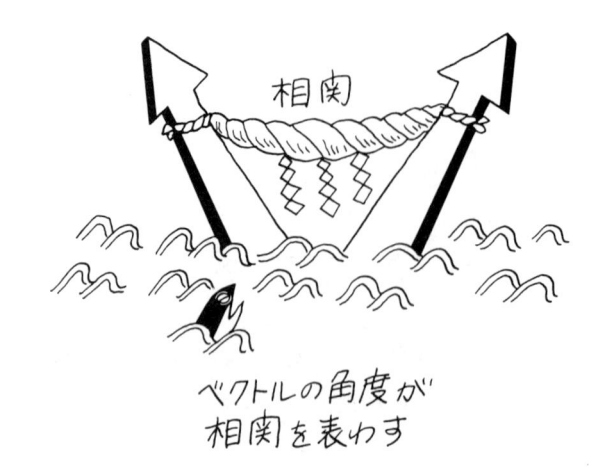

$$標準偏差 = \sqrt{\frac{(1-2)^2+(3-2)^2+(3-2)^2+(1-2)^2+(2-2)^2}{5}}$$

$$= \frac{1}{\sqrt{5}}\sqrt{(-1)^2+1^2+1^2+(-1)^2+0^2} \qquad (7.10)$$

です．式(7.10)の右辺に付いている $1/\sqrt{5}$ は点数の数，すなわち評価員の数に由来している定数にすぎませんから，ベクトルの長さと標準偏差は比例していることがわかります*．

さて私たちの場合，もくせい，じんちょうげ，さくらを表わすべ

---

↗ $\sqrt{(\sqrt{3^2+1^2})^2+2^2} = \sqrt{3^2+1^2+2^2}$

このことから，式(7.9)を類推してください．

* ベクトルの長さは5人が与えた点数の標準偏差を表わしていることは，本文の説明のとおりですが，これを「ベクトルの長さは情報量を表わす」という言い方をすることも少なくありません．5人の点数がすべて等しく，たった1つの値しかなければ情報は1つだけですが，ああでもない，こうでもないとたくさんの点数があればそれだけ情報も多い理屈なので，標準偏差が大きいほど，つまり，ベクトルが長いほど情報量が多いと考えられるからです．

クトルについて重要なのは、その方向です。なぜかというと、つぎのとおりです。まず、2つのベクトルがぴったりと重なっていれば両者の間には完全に正の相関があるにちがいありません。たとえ長さが異なっていても、です。直観的にも同意できそうですし、両者に与えられた点数から平均値を差し引いた値、すなわち両者のベクトル成分がぴったり比例しているときに限ってベクトルも重なるし、相関係数も1になることからも証明できます。

また、2つのベクトルの方向がまったく反対を向いていれば両者の間には完全に負の相関があることも、同じような理由で合点がいくでしょう。そうすると、2つのベクトルが直角を作っているとき、この両者の相関はゼロであるにちがいありません。ちょうど正と負のまん中ですし、互いに相手の影響を無視している感じがぴったりです。こうして、2つのベクトルが作る角度と両者の相関の間には図7.2の関係があることが容易に想像されます。実は、2つのベクトルが作る角度$\theta$と相関係数の$r$の間には

$$r = \cos\theta \tag{7.11}$$

$$\theta = \cos^{-1} r \tag{7.12}$$

の関係があることが知られているのです*。

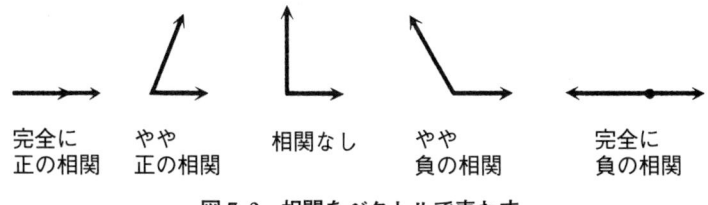

図7.2 相関をベクトルで表わす

完全に正の相関　やや正の相関　相関なし　やや負の相関　完全に負の相関

---

\* 式(7.11)と式(7.12)を221ページの付録6に証明してあります。

## 未知の因子を見つける

ベクトルが登場して準備が整いましたので,先へ進みましょう.
3種の花どうしの相関係数は

  もくせい～じんちょうげ  0.75
  もくせい～さくら    $-0.35$
  じんちょうげ～さくら  0.35

でしたから,3種の花ベクトルが作る角度は

  $\cos^{-1} 0.75 \fallingdotseq 40°$, $\cos^{-1}(-0.35) \fallingdotseq 110°$, $\cos^{-1} 0.35 \fallingdotseq 70°$

によって

  もくせい～じんちょうげ  約 $40°$
  もくせい～さくら    約 $110°$
  じんちょうげ～さくら  約 $70°$

です.この場合,うまいぐあいに

$$40° + 70° = 110° \tag{7.13}$$

ですから,3本のベクトルの相対関係は図7.3のように描けます.

ところで,私たちは何をしているところでしたっけ.そうです.もくせい,じんちょうげ,さくらの特性を支配する因子を見つけようとしているのでした.ただし,そのような因子がいくつあるのか私たちにはわかっていません.ただ,1つでないことだけは確かです.因子が2つ以上あって,因子に対するウエイトのおき方が人によって異なるために,3本のベクトルがあっちこっち

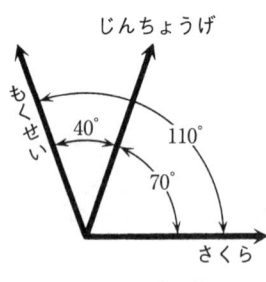

**図 7.3 3種の花の相対関係**

## 7. 因子分析のはなし

を向いているのであり,因子が1つだけなら3本のベクトルの方向がそろってしまうはずだからです.

そこで,話を単純にするために,2つの因子によって3本のベクトルが支配されているものと考えましょう.もちろん,2つの因子は互いに独立であるように選びますから,2本の因子ベクトルは直交しています.さて,この2本の因子ベクトルと3本の花ベクトルとは,どのような相対関係にあるのでしょうか.それがわからないところが問題なのです.やむを得ませんから,手当たり次第に3本の花ベクトルの中に直交する2本の因子ベクトルを書き込んでみましょう.そのごくごく一部が図7.4です.図の中に $a$ と書かれたベクトルが $a$ 因子を,$b$ と書かれたベクトルが $b$ 因子を表わしています.さあ,明解な説明がつくのは,どの図でしょうか.

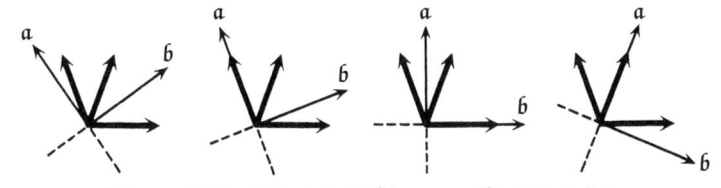

**図7.4 因子ベクトルさまざま……,どれにしようか**

いちばん右の図では,じんちょうげは $a$ 因子と完全な正の相関を持ち,$b$ 因子とは相関がなく,そしてさくらは $a$ 因子とは弱い正の相関,$b$ 因子とはやや強い正の相関があり,また,もくせいは $a$ 因子とはかなりの正の相関がありますが,$b$ 因子とは同じくらいの強さの負の相関があります.このような $a$ 因子と $b$ 因子は何でしょうか.どうも,よくわかりませんなあ.ところが,右から2番めの図は,うまく説明がつきそうです.$a$ 因子に対しては,もくせいとじんちょうげが同じくらい強い正の相関を持っています.この両者に

共通な特徴は強い芳香です. $a$因子は「香り」ではないでしょうか. さくらには香りがありませんから, さくらと$a$因子の相関がゼロなのも, それを裏付けています. つぎは$b$因子です. これは「華やかさ」ではないかと思うのです. さくらは, その華やかさの故に花見の主人公になっていますし, それに, じんちょうげはぽてぽてとたくさんの花を付けますから, いくらか華やいだ気分なのに対して, もくせいは小さな花の群が葉のすき間からのぞいている程度なので, 少々地味, つまり「華やかさ」に対してはいくらか負の相関が認められて当然の感じです.

こうして, どうやら私たちは, 3種の花に対する好みを支配していた因子は, 図7.5のように「香り」と「華やかさ」なのだろうと見当をつけることができました. 相関の強さを手がかりにして, 未知の因子を発見することに成功したのです. これが因子分析の真髄でなくて, なんでありましょう.

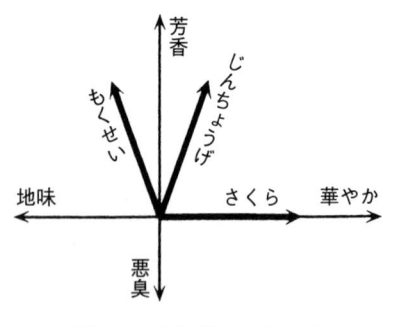

**図7.5 これで, わかった**

## 因子分析のことわり

　　かささぎの渡せる橋に置く霜の
　　　　白きを見れば夜ぞふけにける*

---

* かささぎの橋：七夕の夜, 牽牛と織女のデートのためにかささぎが翼を連ねて作る橋のことであり, 転じて, 男女の仲の橋渡しのことをいいます.

## 7. 因子分析のはなし

ご存知，小倉百人一首に収録されている家持の歌です．かささぎは昔から日本の歌や物語によく登場するので，どんな鳥なのかと興味を持っていたところ，佐賀県の付近に棲むカチガラスが，かささぎの別名なのだそうです．カラスよりひと回り小さく，翼の一部と胴の両脇から腹にわたって白いところが特徴で，有名な割には珍しい鳥です．そこで，こんどは鳥がテーマです．

　　　かささぎ，いんこ，つばめ

の3種に対して，東洋画の画題である四君子にちなんだ蘭子，竹子，梅子，菊子の4人に，例によって，1，2，3の点数を付けてもらいます．その結果が表7.12だったとしましょう．さあ，前節と同じ手順で，かささぎ，いんこ，つばめの特徴を支配している因子を見出してください．

表7.12　こんどは鳥が相手

|  | かささぎ | いんこ | つばめ |
|---|---|---|---|
| 蘭子 | 3 | 2 | 1 |
| 竹子 | 2 | 1 | 3 |
| 梅子 | 1 | 2 | 1 |
| 菊子 | 2 | 3 | 3 |

まず，2種類ずつについて相関係数を求めます．おやまあ

　　　かささぎ～いんこ　　　0

　　　かささぎ～つばめ　　　0

　　　いんこ～つばめ　　　　0

となってしまいました．相関係数 $r$ がゼロなら

$$\cos^{-1} 0 = 90° \tag{7.14}$$

ですから，かささぎ，いんこ，つばめを表わすベクトルは，それぞれ直交してなければなりません．図7.6のようにです．

つぎは，図7.6のベクトルがうまく説明できるように，互いに直交する3本の因子ベクトルを書き込んでください．これは言うは易

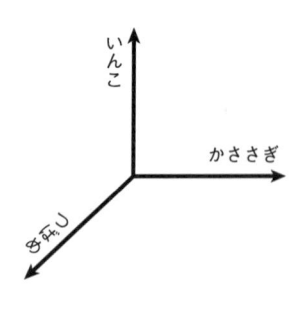

**図 7.6　互いに直角**

（図中のラベル：いんこ，かささぎ，つばめ）

く行なうは難しの作業です．なにしろ両者の立体座標の原点が一致さえすればあとは随意なので，ローリング，ヨーイング，ピッチング*のどれもが自由自在……，あまりに自由が多すぎると困惑するところは，私たちの社会生活と同じです．無限にある組合せのうち，128 ページの図 7.5 のように，うまく説明のつくベクトルの組合せを考えてみていただけませんか．

私の考えでは，だいぶ手を抜いているようにも見えますが，図 7.7 が比較的うまく説明がつくように思います．かささぎは，派手でもなく，地味でもなく，かなり珍しく，いくらか機敏です．いんこは，ありふれているというほどでもないけれど珍しくもなく，機敏というほどでもないけれど鈍重でもなく，色彩だけはやたらと派手です．そして，つばめは，どちらかといえばありふれた鳥で機敏ではありますが，かささぎと同じ白と黒のツートンカラーですから派手さはかささぎといい勝負でしょう．

もっとじょうずな因子ベクトルの書き込み方がありそうにも思いますが，一応は

　　　珍しさ，派手さ，機敏さ

という 3 つの因子が，3 種の鳥に対する印象を支配しているのでは

---

\* 飛行機の場合でいうなら，ローリングは左右の傾き，ヨーイングは左右への頭振り，ピッチングは上下への頭振りです．

## 7. 因子分析のはなし

ないかと察しがつきました.

3種の花の例では, うまいぐあいに

$$40° + 70° = 110°$$

(7.13)と同じでしたから, 3本のベクトルを同じ平面上に描くことができ, 同じ平面上に2本の因子ベクトルを記入することが可能でした. けれども, 3本のベクトルが作り出す3つの角度のうち2つの和が残りの1つと等しくなることなど, めったにありません. 等しくならなければ3本のベクトルは平面上にではなく, 立体空間の中に位置しますから, 因子ベクトルも3本はないと説明がつきにくいでしょう (図7.8).

もっと厳しくいうなら, 3本のベクトルが同じ平面

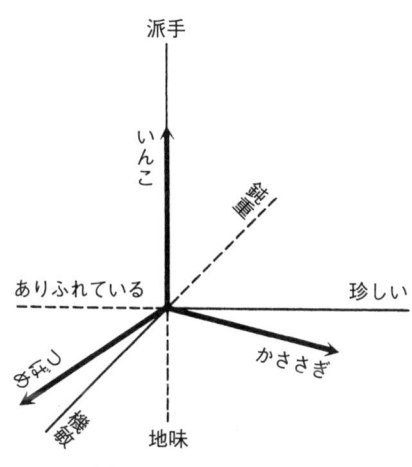

**図7.7 これで, いかが**

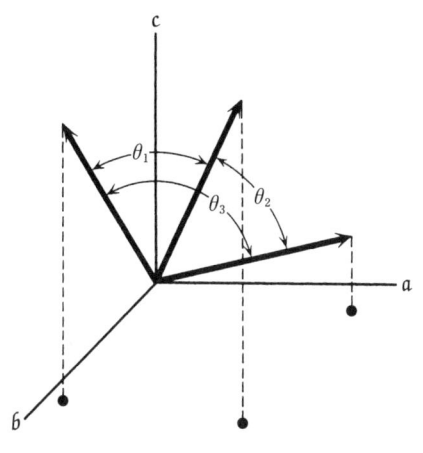

**図7.8 $\theta_1 + \theta_2 \neq \theta_3$ なら 3本の因子ベクトルがぜひ必要**

上にあっても, 同じ平面上に2本の因子ベクトルを記入して事たれ

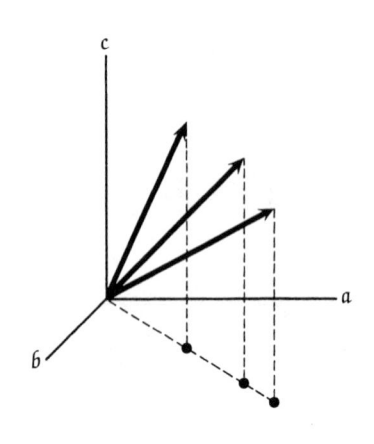

**図 7.9** $\theta_1 + \theta_2 \neq \theta_3$ でも
3本の因子ベクトルが
要ることもある

りとするのは安易すぎるのです.

図 7.9 のように, 3本の因子ベクトルを使ったほうが見事に説明できることも少なくないからです. ひょっとすると, 因子の数がもっと多くないとうまい説明ができないことだってあるかもしれません.

3種の鳥の例では, 3本のベクトルが互いに直交していましたから, 3本の因子ベクトルとの相対位置も頭に描きやすく, なんとか物語を作り上げることができました. けれども, 3本のベクトルがあっちこっちを向いているときには, 3本の因子ベクトルとの相対位置を頭に描くのは容易ではありません. そのうえ, 因子ベクトルの数が4本以上になろうものなら, 3次元空間しか知覚できない身の悲しさ, もはやベクトルどうしの相対関係を具体的にイメージすることは不可能です.

そういうときに威力を発揮するのが数学です. とくに, ベクトルや行列の取り扱いを中心とした線形代数が, 具体的にイメージできないベクトルどうしの相対関係を解き明かしてくれます. それはちょうど, 3次元しか知覚できない私たちでも数学の世界では4次や5次の方程式を難なく —— あまり難なくでもないけれど —— 取り扱えるのと軌を一にします.

また, 線形代数は手計算で扱うとやたらと手数ばかりかかることが多くて閉口するのですが, ありがたいことに, 線形代数の計算は

## 7. 因子分析のはなし

コンピュータにとっては得意な分野の1つであり，コンピュータ用のソフトもたくさん作られています．

　こういうわけで，因子分析の参考書では線形代数を縦横に駆使して，主要な因子を特定したり発見したりする多くの手法を紹介しています．見ただけでうんざりするほどです．しかしながら，基礎的な考え方はこの章でご紹介してきたとおりですから，ご安心ください．さらに，本格的に因子分析に取り組んでみたいと思われる方は，お気の毒ですが，線形代数の勉強からはじめなければなりません．

# 8. 主成分分析のはなし

### 新しい手がないか

アメリカン・ジョークを1つ……．駅にある2つの時計がいつもちがう時刻を指しているので文句を言ったところ，駅長いわく「同じなら，2つはいらないね」だとさ……．参った，という感じです．このジョークが，この章の行方を暗示しています．

蝶よ花よと育てられた2人の女性に

　　　リンゴ，ナシ，モモ，プラム，ブドウ

の5種類の果物を好きな順に番号を付けてもらったところ，表8.1のようになったと思っていただくことにしましょうか．この女性たちの好みを支配している要因を探ろうと思うのですが，こんどは前章のようにうまくいきません．

表8.1　好みの順位は

|    | リンゴ | ナシ | モモ | プラム | ブドウ |
|----|-----|----|----|-----|-----|
| 蝶子 | 5   | 3  | 1  | 4   | 2   |
| 花子 | 3   | 1  | 2  | 5   | 4   |

## 8. 主成分分析のはなし

　まず，タレント性を決定づける因子を特定したときのように，果物に対する好みを支配しそうな要因，たとえば，香り，味，硬さ，色，形などを列挙して，その特質を1組ずつの対語で表現しようと試みてください．強い〜弱い，甘い〜酸っぱい，硬い〜柔らかいなどのどれを採用しても5種類の果物をうまく2つのグループに分けられそうにもありません．ちょうど楽器の音から連想する色彩の候補に3原色を採用したように，3つ以上の単語が必要になりそうではありませんか．したがって，タレント性の因子を特定したときの手法は，この例には適用しにくいのです．

　では，蝶子と花子の相関係数を計算してみましょうか．

　　　$r = 0.333$

となり，いくらか正の相関が認められます．そこで

　　　$\cos^{-1} 0.333 ≒ 70°$

によって蝶子ベクトルと花子ベクトルの相対位置を描いてみたのが図8.1です．さあ，128ページの図7.5で成功したように，この2本のベクトルをうまく説明できるような因子ベクトルが記入できますか？　どうも，うまくいきそうもありません．それもそのはず，蝶子ベクトルと花子ベクトルのイメージがわかないのです．蝶子ベクトルは，リンゴ軸に2，モモ軸に−2，プラム軸に1，ブドウ軸に−1の成分を持ち，ナシ軸の成分は文字どおりナシなのですが，5次元の世界に描かれたこのようなベクトルはいったい何でしょうか[*]．まったくイメージがわかないではありませんか．花子軸

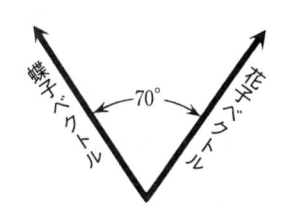

**図8.1　これでなにがわかる？**

だってそうです．したがって，図8.1に因子ベクトルを記入する作業はギブ・アップです．

最後の手段として，リンゴなど5種類のベクトルを描いてみます．たとえば，リンゴは5と3ですから平均値を差し引くと1と$-1$になり，リンゴベクトルは蝶子軸に1，花子軸に$-1$の成分を持つはずです．こうして図8.2ができ上がります．5種類の果物ベクトルのうち，リンゴとナシが重なり，モモとプラムも重なってしまいました．そのうえ，ブドウはモモやプラムと方向が一致しています．この図から，リンゴとナシ，また，ブドウ，モモ，プラムどうしの相関係数は1で，リンゴとナシのグループとブドウ，モモ，プラムのグループとの相関係数が$-1$であることまで計算もしないうちにわかったのは儲けた感じですが，さて，これら5本のベクトルをうまく説明できそうな因子ベクトルは，となると思案にあまります．

どうやっても，うまくいきません．降参です．何か新しい手を見つけなければならないようです．

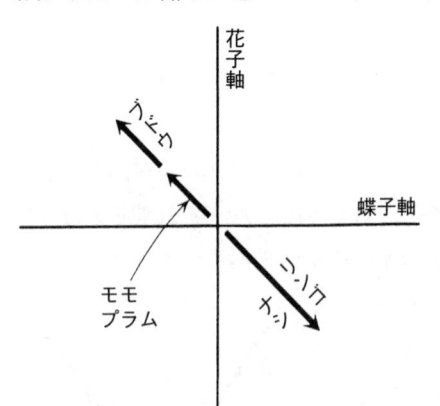

**図8.2 これなら，なにかわかる？**

---

\* 表8.1から蝶子ベクトルや花子ベクトルを描くときには，122ページでやったように，それぞれの平均値(この場合はともに3)を差し引いてください．

## 主成分を求めて

新しい手を見つけにかかりましょう．図 8.1 や図 8.2 に因子ベクトルを書き込めなかった理由は，2 人の女性のベクトルや果物ベクトルの現象的な意味がばく然としすぎているところにありました．きっと情報が整理されていないからにちがいありません．そこで，蝶子ベクトルと花子ベクトルを混ぜ合わせてしまいましょう．そうすれば，5 種類の果物に 2 つずつあった数値が 1 つずつになり，2 次元のデータが 1 次元に圧縮されてしまうし，1 次元のデータからなら，その意味が読みとりやすいはずだからです．ただし，蝶子と花子のデータを五分五分で混ぜ合わせるのではなく，なるべく多くの情報が盛り込まれるような割合で混ぜ合わせるくらいの知恵は働かせましょう．

そこで，蝶子と花子のデータを

$a : b$

の割合で混ぜ合わせることにします．すなわち

$$\left.\begin{array}{ll} \text{リンゴ} & 5a+3b \\ \text{ナシ} & 3a+b \\ \text{モモ} & a+2b \\ \text{プラム} & 4a+5b \\ \text{ブドウ} & 2a+4b \end{array}\right\} \quad (8.1)$$

とするのです．そして，情報をもっとも多くするには，124 ページの脚注に書いた理由によって，これら 5 つのデータの標準偏差，あるいはその 2 乗である分散を最大にすればいいはずです．「はず」ならば，そのとおりにやりましょう．

式(8.1)の5つのデータを合計すれば

$$15a+15b$$

ですから,平均値は

$$3a+3b$$

です. 5つのデータから平均値を引くと

$$2a, \quad -2b, \quad -2a-b, \quad a+2b, \quad -a+b$$

であり,これらを2乗して合計すれば

$$(2a)^2+(-2b)^2+(-2a-b)^2+(a+2b)^2+(-a+b)^2$$
$$=10a^2+6ab+10b^2 \qquad (8.2)$$

となります.これをデータ数5で割ると*

$$\text{分散 } s^2=2a^2+1.2ab+2b^2 \qquad (8.3)$$

が求まります.この分散を最大にしたいのですが,そのためには $a$ も $b$ もどんどん無限に大きくすればいいに決まっています.けれども,いま私たちが知りたいのは,分散が最大になるような $a$ と $b$ の割合ですから,$a$ と $b$ とについて

$$a^2+b^2=1 \qquad (8.4)^{**}$$

という制約をもうけて,$a$ や $b$ が無限大になるのを防止しましょう. つまり,式(8.4)の拘束条件のもとで式(8.3)を最大にするような $a$ と $b$ を求めることにします.

---

* 式(8.2)のままでも,どうせ最大になるような $a$ と $b$ の比を求めるだけですから結果は同じになるのですが,「分散」という精神になるべく忠実に従うためにデータの数で割っておきました.割らないまま計算されても結構です.

** なぜ,$a+b=1$ ではなく,$a^2+b^2=1$ にするのかというと,$a+b=1$ の拘束条件の下では $a$ が「ものすごく大きな値」で $b$ が「1-ものすごく小さな値」であることが許されてしまい,これでは $s^2$ が無限大に発散するのを防止できないからです.

まず，式(8.4)を式(8.3)に代入すると

$$s^2 = 1.2a\sqrt{1-a^2} + 2 \tag{8.5}$$

となりますから，これを最大にするには $a\sqrt{1-a^2}$ を最大にすればいいことがわかります．そこで

$$t = a\sqrt{1-a^2} \tag{8.6}$$

とでも書き，これを $a$ で微分した値をゼロとおきます．すなわち

$$\frac{dt}{da} = \sqrt{1-a^2} - \frac{a^2}{\sqrt{1-a^2}} = 0 \tag{8.7}$$

です．これを解くと，だれがやっても

$$a = \frac{1}{\sqrt{2}} \quad \therefore \quad b = \frac{1}{\sqrt{2}} \tag{8.8}$$

となり，$a$ と $b$ がともに $1/\sqrt{2}$ のときに分散 $s^2$ が最大になることがわかりました[*]．いいかえれば，蝶子の値と花子の値を $1/\sqrt{2}$ ずつの割合で混ぜ合わせるのが情報量を最大にする道であることが判明したのです．

蝶子の値と花子の値とを $1/\sqrt{2}$ ずつの割合で加え合わせた値は，たとえばリンゴの場合

$$\frac{1}{\sqrt{2}}(5+3) = 4\sqrt{2}$$

となるのですが，このような数値で表わすよりは図に描いてみるほうがおもしろそうです．図8.3を見てください．蝶子軸と花子軸が作る座標内に両者の値を表わす黒丸が書き入れてありますが，この

---

[*] $t$ を $a$ で微分した値をゼロとおいて $a$ を求めると，なぜ $t$ を最大にするような $a$ となるかについては，拙書『微積分のはなし(上)』，日科技連出版社，50ページあたりをご参照ください．

図8.3 の説明（図中ラベル）: 花子軸、蝶子軸、花子の値、蝶子の値、$\frac{1}{\sqrt{2}}$花、$\frac{1}{\sqrt{2}}$蝶

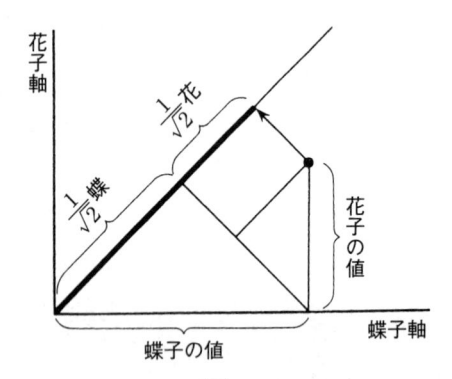

**図 8.3　$1/\sqrt{2}$ ずつを合計する**

黒丸を 45° だけ傾いた軸の上に投影した位置と原点との距離が，ちょうど両者の値を $1/\sqrt{2}$ ずつの割合で加算した長さになっているではありませんか．

そこで，蝶子軸と花子軸が作る座標内に表 8.1 に示された 5 種類の果物のデータを記入し，それらを 45° だけ傾いた軸の上に投影してみました．それが図 8.4 です*．ごらんください．この軸の上では 5 種類の果物がもっとも分散が大きくなるように，つまり，もっとも差がきわだつように並んでいるのですが，その順序が

　　　モモ，ナシ，ブドウ，リンゴ，プラム

となり，蝶子が与えた順序でもなく花子が付けた順序とも異なる新しい順序が出現しました．この順序なら甘味が強く酸味が少ない順序ではなかろうかと気がつきます．

こうして，蝶子と花子の果物に対する好き嫌いを決めている最大の因子が味であることを発見しました．これを**第 1 主成分**といいます．

2 人に共通した最大の因子は味であることが発見されました．ど

---

\*　図 8.4 の目盛りの値がふつうと逆になっています．私たちは 5 種類の果物に順位を付けましたし，順位は得点とは反対に小さいほど上等なので，その感じをふつうの目盛りと合わせるためにそうしてあります．気に入らなければふつうの目盛りで図を作り直していただいても結構です．

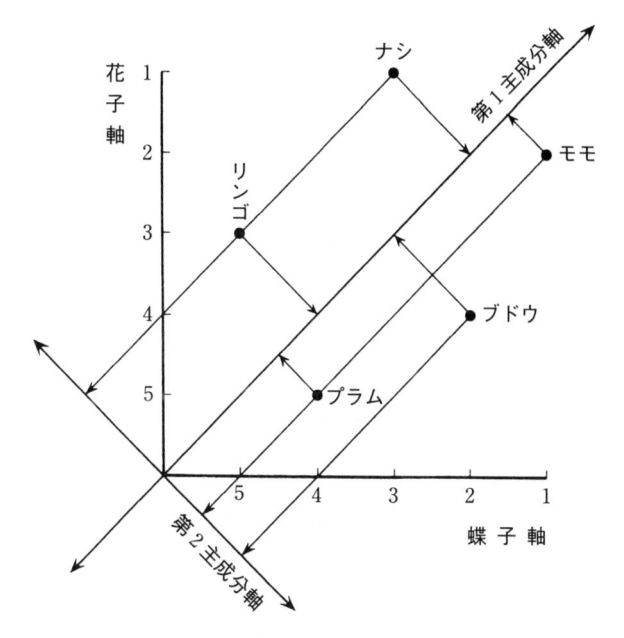

**図 8.4 主成分に分解してみる**

うやら 2 人とも酸味が少なく，甘味の強い果物がお好きなようです．それにもかかわらず 2 人が付けた順序は味のとおりではありません．それは 2 人とも味だけで好き嫌いを決めていないからです．そこで，第 1 主成分の方向にはまったく現れなかった別の因子を調べる必要があります．「まったく現れなかった」すなわち第 1 主成分とは独立であった因子ですから，それは第 1 主成分軸と直角な軸の上に現れるにちがいありません．

そこで，図 8.4 に第 1 主成分軸に直角な第 2 主成分軸を書き入れてみました．べつに原点を通る必要はないのですが図をきれいにするために原点を通してあります．では，5 種類の果物のデータを示

す黒丸を第2主成分軸の上に投影してみてください．こんどは

$$\begin{cases} リンゴ \\ ナシ \end{cases} \begin{cases} モモ \\ プラム \end{cases} ブドウ$$

という順序が現れました．これは硬さの順ではないでしょうか．蝶子と花子の果物に対する好き嫌いを決める2番めの因子は硬さだったのです．これを**第2主成分**といいます．どうやら，蝶子は柔らかい果物を好み，花子は固めが好きなようです．なお，第1主成分軸がもっとも分散が大きい方向であるのに対して，第2主成分軸はもっとも分散が小さい方向であることが，式(8.7)から式(8.8)が出てくる過程からおわかりいただけるでしょう．

こうして私たちは，前章にご紹介した方法では手に負えない新しい問題を解決することに成功しました．まずは，おめでとうございます．ところで，ちょっと気になることがありはしませんか．この章のタイトルは「主成分分析のはなし」です．それなのに，やったことはといえば2つの因子を見つけ出すことではありませんか．どうしてこれが因子分析ではなく主成分分析なのでしょうか．

たしかに，この節では2つの因子が見つかりました．けれども，それは結果的に因子が見つかったのであり，私たちが行なった作業は，5つのデータの分散が最大になる方向の成分と，最小になる方向の成分とを発見することでした．そこに，因子分析と主成分分析のちがいがあるのですが，これだけでは理解しにくいかもしれません．もう1つの例題をごらんください．

## 主成分分析と因子分析

宇宙関連のプロジェクトで業績を伸ばしてきた某社では，さらに事業を拡大するために，他部門の社員の一部に速成教育を施してそのプロジェクトに投入することになりました．このプロジェクトでは航空工学と電子工学の基礎知識が必要と思われているのですが，その両方の知識の全領域を必要とするわけでもありません．そのうえ，航空工学と電子工学には「振動」や「制御」など共通の部門もありますから，両方の学科を別々に教育するのは，なんとも効率の悪い話です．教育の効率を高めるために両者を合わせて1本にした効果的な教育内容を模索しようと思います．

その手がかりを得るために，このプロジェクトの中で長年にわたって活躍し，自然とこのプロジェクトに必要な知識を身につけた5人のエンジニアに協力してもらい，航空工学と電子工学の問題を解いてもらいました．その成績が表8.2です．このデータから，このプロジェクトに必要な知識を教え込む方策を考えてみてください．

さっそく，第1主成分と第2主成分を求めてみましょう．求め方の手順は前節とまったく同じなので省略してもいいのですが，こんどは前節より少し複雑ですから要点だけを書くことにします．まず，航空と電子のデータを

$a : b$

で混ぜ合わせたデータを作り，それらの平均値を差し引き，2乗して合計するところまで，すなわち式(8.1)から式(8.2)までの作業を

表8.2 これがデータ

|  | 甲 | 乙 | 丙 | 丁 | 戊 |
|---|---|---|---|---|---|
| 航空工学 $A$ | 10 | 9 | 8 | 4 | 4 |
| 電子工学 $E$ | 9 | 7 | 10 | 6 | 8 |

**表 8.3　ひとまとめに計算する**

|   | $u_i$ | $u_i - \bar{u}$ | $(u_i - \bar{u})^2$ |
|---|---|---|---|
| 甲 | $10a + 9b$ | $3a + b$ | $9a^2 + 6ab + b^2$ |
| 乙 | $9a + 7b$ | $2a - b$ | $4a^2 - 4ab + b^2$ |
| 丙 | $8a + 10b$ | $a + 2b$ | $a^2 + 4ab + 4b^2$ |
| 丁 | $4a + 6b$ | $-3a - 2b$ | $9a^2 + 12ab + 4b^2$ |
| 戊 | $4a + 8b$ | $-3a$ | $9a^2$ |
| | $\bar{u} = 7a + 8b$ | | $\Sigma = 32a^2 + 18ab + 10b^2$ |

ひとまとめにすると表 8.3 のような値が求まります．この値は混ぜ合わせたデータの分散に比例する値ですから

$$ks^2 = 32a^2 + 18ab + 10b^2 \tag{8.9}$$

と書きましょう*．そして

$$a^2 + b^2 = 1 \quad \text{(8.4)と同じ}$$

によって式(8.9)から $b$ を消すと

$$ks^2 = 22a^2 + 18a\sqrt{1-a^2} + 10 \tag{8.10}$$

となり，これが前節の式(8.5)に相当します．これを $a$ で微分してゼロに等しいとおくと

$$808a^4 - 808a^2 + 81 = 0 \tag{8.11}$$

となって，これが前節の式(8.7)に相当します．この式を $a^2$ に関する 2 次方程式とみなして解けば

$$a^2 = \frac{808 \pm \sqrt{652864 - 261792}}{1616}$$

---

\* 前節のようにデータの数で割らなかった理由は，138 ページの脚注に書いたように割る必要がないし，割ると値が半端になってごちゃごちゃするからです．

$$\fallingdotseq \frac{808 \pm 625}{1616}$$

$$\fallingdotseq 0.887 \quad および \quad 0.113 \tag{8.12}$$

が得られ，したがって

$$\begin{cases} a^2 \fallingdotseq 0.887 \\ b^2 \fallingdotseq 0.113 \end{cases} \quad \therefore \quad \begin{cases} a \fallingdotseq 0.942 \\ b \fallingdotseq 0.336 \end{cases} \tag{8.13}$$

であり，第1主成分軸は航空工学軸に対して

$$\theta = \tan^{-1} \frac{b}{a} = \tan^{-1} \frac{0.336}{0.942} \fallingdotseq 19.6° \tag{8.14}$$

の角度に向かっていることがわかりました*．

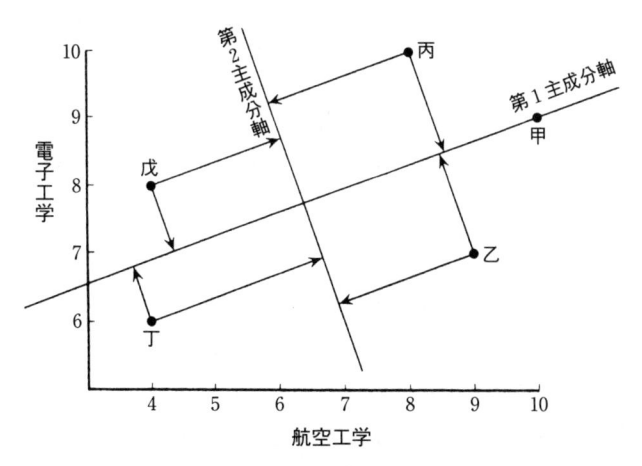

**図 8.5 主成分を発見**

---

\* 式(8.14)あたりの記述に合点がいかない方は 223 ページの付録 7 をごらんください．

なお，こうして求めた第 1 主成分の方向は第 5 章で求めた回帰直線の方向と似ていますが，同じではありません．なにしろ，アプローチの主旨も手順もちがうのですから．

ではさっそく，5人の得点に第1主成分軸を記入してみましょう．どっちみち，5人の得点を第1主成分軸の上に投影した相対位置を観察するだけですから，第1主成分軸は必ずしも原点を通る必要はなく，適宜に平行移動してもかまいませんから，図8.5では甲の位置を通るように描いてみました．なまの得点の順位は

　　航空工学　　甲，乙，丙，丁および戊

　　電子工学　　丙，甲，戊，乙，丁

だったのが，第1主成分軸の上では

　　甲，丙，乙，戊，丁

と順序が変わってしまったところが意味ありげではありませんか．

なお，こうして第1主成分軸の上に投影された5つの値は

$$u_i = aA_i + bE_i \tag{8.15}$$

を表わしており，これが**第1主成分**です．この式に，式(8.13)で求めた$a$と$b$の値と表8.2のデータを代入してみると表8.4のようになり，大きさの順序はちゃんと

　　甲，丙，乙，戊，丁

になっているのが確認できます．

図8.5には，ついでに，第1主成分軸に直角な第2主成分軸も記入してあります．これも方向さえまちがわなければどこへ平行移動してもいいので，図ではどまん中に記入してあります．第2主成分軸上に投影された順序は

表8.4　第1主成分の値

|  | 甲 | 乙 | 丙 | 丁 | 戊 |
|---|---|---|---|---|---|
| 第1主成分 | 12.44 | 10.83 | 10.90 | 5.78 | 6.46 |

丙, 戊, 甲, 丁, 乙

であり, またまた新しい順位であるところが興味をひきます. 第2主成分は, 第1主成分軸と第2主成分軸が直角なので

$$v_i = -bA_i + aE_i \tag{8.16}^*$$

で表わされますから, 計算してみると表8.5のようになります. 大きさの順序が図8.5から読みとった新しい順序と一致していることを確認してください.

こうして航空工学と電子工学の基礎知識のうち, くだんのプロジェクトに必要な知識を第1主成分と第2主成分に分けることができました. 図8.5をもういちど見ていただきたいのですが, 5人のデータは第1主成分軸の方向にもっとも大きくばらついています. これは, この方向の分散が最大になるように方向を決めたのですから当然ですが, しかし, これと直角な第2主成分軸の方向のばらつきも無視できません. これは, 第1主成分軸だけでは5人のデータが持つ情報を完全には吸収できず, 残った情報が第2主成分軸の方向に現れていることを意味します. そこで, 第1主成分軸と第2主成分軸にどのくらいの割合で情報が吸収されているかを調べてみましょう.

まず, 表8.4の値によって, 第1主成分の分散 $s_u^2$ を計算してみ

表8.5 第2主成分の値

|  | 甲 | 乙 | 丙 | 丁 | 戊 |
|---|---|---|---|---|---|
| 第2主成分 | 5.12 | 3.57 | 6.73 | 4.31 | 6.19 |

---

* 式(8.16)は, 付録7と同じ性格の図を描いてみると容易に理解できるはずです.

てください.

$$s_u^2 ≒ 7.04 \tag{8.17}$$

になるはずです.つぎに,表 8.5 の値から第 2 主成分の分散 $s_v^2$ を求めてください.

$$s_v^2 ≒ 1.37 \tag{8.18}$$

となるでしょう.そうすると,全分散のうち $s_u^2$ が占める割合は

$$p_u = \frac{s_u^2}{s_u^2 + s_v^2} = \frac{7.04}{7.04 + 1.37}$$

$$≒ 0.84 = 84\% \tag{8.19}$$

とみなすことができます.これを第 1 主成分の**寄与率**といいます.同じように,第 2 主成分の寄与率は

$$p_v = \frac{s_v^2}{s_u^2 + s_v^2} ≒ 16\% \tag{8.20}$$

です.すなわち,第 1 主成分だけで必要な情報の 84% も占めていることがわかります.

さて,それで結局,第 1 主成分は何なのでしょうか.実は第 1 主成分を発見して速成教育の内容を決める作業について,多変量解析の一手法である主成分分析がお手伝いできるのは,ここまでなのです.これからあとは,くだんのプロジェクトの内容や航空工学,電子工学の固有の知識を動員して判断しなければなりません.

けれども,第 1 主成分の方向が航空工学とは 19.6° の角度を,電子工学とは 70.4° の角度を持つことがわかり,しかも,第 1 主成分が 84% もの寄与率を占めることを知っただけでも,第 1 主成分を特定するための大きな手がかりになることはまちがいないでしょう.

これで因子分析と主成分分析の相違がおわかりいただけたでしょ

うか．あるいは，別々の時刻を指している2つの時計のような感じでしょうか．まあ，だいたいつぎのように考えておいてください．

因子分析では観察者の好みや誤差を排除して共通の因子を見出そうとするのに対して，主成分分析では観察者の好みも誤差も一緒にしたままで，状態の情報をなるべく多く取り込んだ成分を，いいかえれば，状態を説明しやすい成分を，大きいほうから見つけていこう，というわけです．

これで時刻の異なった2つの時計の存在意義を認めていただけるでしょうか．

## 変数が2つの場合

前節までは，蝶子と花子，航空工学と電子工学というように，たった2つの座標軸が語るデータを最大と最小の成分に分割してきました．ところが，現実の世界はこれほど単純ではなく，たくさんの要因を互いに独立な成分に再整理したい場合が少なくありません．

たとえばの話，学校教育では，国語，数学，理科，体育などの科目ごとに授業が行なわれています．一般の方々の間には，ふつうの社会生活では代数学や幾何学などまったく使わないのだから教育も不必要ではないかとの意見もありますが，社会生活を営むためには合理的な思考能力が必須であり，その能力を養うには代数学や幾何学などがもってこいなのですから，やはり有用な科目なのだと私は思います．

そこで，国語，数学，理科，体育など互いに多少は相関を持っているいくつかの科目を分解して，社会生活を営むために必要で互い

主要な成分に分け直す
それが主成分分析

に独立ないくつかの成分，たとえば

　　合理的な思考能力
　　協力，調整の能力
　　…エト・セトラ…

に再編成して教育や入試のあり方に抜本的なメスを入れてみようと，だいそれた野望を抱くことだってあるかもしれません．こういうときこそ，主成分分析の出番なのです．

　そこで，要因が3つ以上の場合へ進もうと思うのですが，その前に，前節までの手順をいくらか数学的に復習しておこうと思います．要因が3つ以上の場合の土台になりますから……．

　前節までの手順は，つぎのとおりでした．$(x_i, y_i)$というデータが$n$個あるとしましょう．そのとき

$$u_i = ax_i + by_i \tag{8.21}$$

とおき

$$a^2 + b^2 = 1 \qquad \text{(8.4)と同じ}$$

## 8. 主成分分析のはなし

という拘束条件のもとで $u_i$ の分散 $s_u^2$ を最大にするような $a$ と $b$ を求めるのが主成分分析の第1歩でした．実は，ここのところをもっと一般的に書くなら

$$\left.\begin{array}{l} u_i = a_1 x_i + b_1 y_i \\ v_i = a_2 x_i + b_2 y_i \end{array}\right\} \quad (8.22)$$

とおいて，$u$ と $v$ が独立になるように，つまり

$$r_{uv} = 0 \quad (s_{uv} = 0 \text{ としてもいい}) \tag{8.23}$$

であり，さらに

$$\left.\begin{array}{l} a_1^2 + b_1^2 = 1 \\ a_2^2 + b_2^2 = 1 \end{array}\right\} \quad (8.24)$$

の条件に拘束されながら

$s_u^2$ を 最大に

$s_v^2$ を 最小に

するような $a_1$, $b_1$, $a_2$, $b_2$ を求める，とするほうが玄人好みです．けれども，データが $x$ と $y$ の2次元で与えられているときには，すでに前節の例で承知したように

$$u_i = ax_i + by_i \qquad (8.21)\text{と同じ}$$

とおいて $s_u^2$ を最大にするように $a$ と $b$ とを決めてやると，それが第1主成分の方向を示し，それと直角な第2主成分の方向では分散が最小になるのですから，分散を最小にするには

$$v_i = -bx_i + ay_i \tag{8.25}$$

とすればいいことが明瞭です．そこで，玄人好みの手順は脇において，式(8.21)だけから得られる $s_u^2$ を式(8.4)の拘束条件のもとで最大にする手順を追うことにします．では，はじめます．

$$s_u^2 = a^2 s_x^2 + 2ab s_{xy} + b^2 s_y^2 \tag{8.26}*$$

これに式(8.4)から得られる
$$b^2 = 1-a^2, \quad b = \sqrt{1-a^2}$$
を代入すると
$$s_u^2 = a^2 s_x^2 + 2a\sqrt{1-a^2}\, s_{xy} + (1-a^2)s_y^2 \tag{8.27}$$
となります. つぎに, $s_u^2$ を最大にする $a$ を求めるために, これを $a$ で微分してゼロに等しいとおきます.

$$\frac{ds_u^2}{da} = 2as_x^2 + 2\left(\sqrt{1-a^2} - \frac{a^2}{\sqrt{1-a^2}}\right)s_{xy} - 2as_y^2 = 0 \tag{8.28}$$

両辺に $\sqrt{1-a^2}$ をかけて整理すると
$$a\sqrt{1-a^2}(s_x^2 - s_y^2) = (2a^2-1)s_{xy} \tag{8.29}$$
両辺を2乗して $\sqrt{\phantom{x}}$ を取り去り, 整理すると
$$a^4(4s_{xy}^2 + s_x^4 - 2s_x^2 s_y^2 + s_y^4)$$
$$-a^2(4s_{xy}^2 + s_x^4 - 2s_x^2 s_y^2 + s_y^4) + s_{xy}^2 = 0 \tag{8.30}$$
( )の中がごちゃごちゃしていてめんどうなので, これを $J$ と書けば

$$Ja^4 - Ja^2 + s_{xy}^2 = 0 \tag{8.31}$$

となりますから, これを $a^2$ に関する2次式とみなして解けば

$$a^2 = \frac{J \pm \sqrt{J^2 - 4J s_{xy}^2}}{2J} \tag{8.32}$$

ただし, $J = 4s_{xy}^2 + s_x^4 - 2s_x^2 s_y^2 + s_y^4$

となるのですが, ここで, $a^2 + b^2 = 1$ であったことに思いをいたすと

---

\*　　$s_u^2 = \dfrac{1}{n}\Sigma\{(ax_i + by_i) - (a\bar{x} + b\bar{y})\}^2$

を式(3.7), 式(3.8), 式(3.9), 式(5.9)の助けを借りながらこしこしと分解し, 再編成をすると式(8.26)が現れます. たいしてむずかしくありませんから各人で確かめてみてください.

$$a^2 = \frac{J + \sqrt{J^2 - 4Js_{xy}^2}}{2J}$$

$$b^2 = \frac{J - \sqrt{J^2 - 4Js_{xy}^2}}{2J} \quad (8.33)$$

であることに気がつきます*.

前節で $a$ と $b$ を求めた手順を追ってみれば，以上のとおりでありました．航空工学と電子工学の例でいうならば，表8.2のデータから

$$s_A^2 = \frac{3^2}{5}, \quad s_E^2 = \frac{10}{5}, \quad s_{AE} = \frac{9}{5}$$

ですから，これらを代入して計算すると $J = 32.32$ を経由して

$$a^2 \fallingdotseq 0.887, \quad b \fallingdotseq 0.113$$

となり，式(8.13)と一致し，私たちの計算が正しかったことが証明されました．

## 変数が3つの場合

つぎは変数を，$x, y, z$ の3つにふやします．それぞれ，テニス，すもう，水泳とでも思っておいてください．それを互いに独立な3つの能力(成分)に再編成しようと思います．そのためには

$$\begin{aligned} u_i &= a_1 x_i + b_1 y_i + c_1 z_i \\ v_i &= a_2 x_i + b_2 y_i + c_2 z_i \\ w_i &= a_3 x_i + b_3 y_i + c_3 z_i \end{aligned} \quad (8.34)$$

---

\* 式(8.33)の両辺どうしを加え合わせてみてください．$a^2 + b^2 = 1$ となるではありませんか．

として，$u$ と $v$ と $w$ が互いに独立になるように，つまり
$$r_{uv}=r_{uw}=r_{vw}=0 \tag{8.35}$$
　　($s_{uv}=s_{uw}=s_{vw}=0$ でもいい)

であり，さらに
$$\left.\begin{array}{l} a_1{}^2+b_1{}^2+c_1{}^2=1 \\ a_2{}^2+b_2{}^2+c_2{}^2=1 \\ a_3{}^2+b_3{}^2+c_3{}^2=1 \end{array}\right\} \tag{8.36}$$

の条件に拘束されながら

　　$s_u{}^2$　を　最大に
　　$s_w{}^2$　を　最小に

したいのです．

　したいのですが，こんどはなかなかやっかいです．たとえば，式(8.34)の第1式から $s_u{}^2$ を求めてみると

$$s_u{}^2=a_1{}^2s_x{}^2+b_1{}^2s_y{}^2+c_1{}^2s_z{}^2+2a_1b_1s_{xy}+2a_1c_1s_{xz}+2b_1c_1s_{yz} \tag{8.37}$$

となるのですが，$a_1{}^2+b_1{}^2+c_1{}^2=1$ の拘束条件のもとで $s_u{}^2$ を最大にするにはどうすればいいのでしょうか．

　こういうときには摩訶不思議なテクニックがおすすめできます．ある得体の知れない値を $k$ として

$$K=s_u{}^2-k(a_1{}^2+b_1{}^2+c_1{}^2-1) \tag{8.38}^*$$

という式を作ります．そうすると，右辺の( )の中は式(8.36)によってゼロですから，右辺の第2項はないのと同じで，$K$ を最大にすれば $s_u{}^2$ が最大になる理屈です．そこで，$K$ を $a_1$, $b_1$, $c_1$ で偏微分してゼロに等しいとおきます．すなわち

---

＊　式(8.38)に使ったような $k$ を**ラグランジュの未定乗数**といいます．

## 8. 主成分分析のはなし

$$\frac{\partial K}{\partial a_1}=0, \quad \frac{\partial K}{\partial b_1}=0, \quad \frac{\partial K}{\partial c_1}=0 \quad (8.39)$$

とします．式(8.38)の $s_u{}^2$ に式(8.37)を代入して実際に偏微分してみると

$$\left. \begin{aligned} a_1(s_x{}^2-k) + b_1 s_{xy} \quad + c_1 s_{xz} \quad &= 0 \\ a_1 s_{xy} \quad + b_1(s_y{}^2-k) + c_1 s_{yz} \quad &= 0 \\ a_1 s_{xz} \quad + b_1 s_{yz} \quad + c_1(s_z{}^2-k) &= 0 \end{aligned} \right\} \quad (8.40)$$

が得られます．これらの式を連立して解けば $a_1$, $b_1$, $c_1$ が求められて，たちまち第1主成分がわかるような気がしますが，そうは問屋が卸しません．まだ得体不明な $k$ が含まれたままだからです．めげずに思考を続けましょう．これらの式が

$$a_1 = b_1 = c_1 = 0 \quad (8.41)^*$$

以外の場合に同時に成立するためには，つぎの条件が必須です．

$$(s_x{}^2-k)(s_y{}^2-k)(s_z{}^2-k) - (s_x{}^2-k)s_{yz}{}^2 \\ -(s_y{}^2-k)s_{xz}{}^2 - (s_z{}^2-k)s_{xy}{}^2 + 2 s_{xy} s_{xz} s_{yz} = 0 \quad (8.42)^{**}$$

この式は $k$ についての3次方程式です．3次方程式を解くのはかな

---

\* 式(8.41)が成立することはありません．なにしろ式(8.36)が私たちを拘束しているのですから．

\*\* 行列式を使って連立方程式を解く方法をご存知の方には，式(8.42)は

$$\begin{vmatrix} s_x{}^2-k & s_{xy} & s_{xz} \\ s_{xy} & s_y{}^2-k & s_{yz} \\ s_{xz} & s_{yz} & s_z{}^2-k \end{vmatrix} = 0$$

のほうがずっとわかりやすいでしょう．なにしろ，式(8.40)の定数項がぜんぶゼロなのですから，この行列の値がゼロの場合しかゼロ以外の解が存在し得ないのです．なお，この件について関心のある方は拙書『行列とベクトルのはなし』152～165ページを見ていただければ幸いです．

りめんどうですが，しかし確実に解く方法があります*．そして，根は一般には3つ見つかります．その根を

$$k=k_1,\ k_2,\ k_3 \quad (k_1>k_2>k_3 \text{ とします}) \tag{8.43}$$

としておきましょう．これで $k$ の得体が知れました．

いっぽう，式(8.40)について

　　第1式×$a_1$＋第2式×$b_1$＋第3式×$c_1$

を作ってみると，

$$a_1^2 s_x^2 + b_1^2 s_y^2 + c_1^2 s_z^2 + 2a_1 b_1 s_{xy} + 2a_1 c_1 s_{xz} + 2b_1 c_1 s_{yz}$$
$$-k(a_1^2+b_1^2+c_1^2)=0 \tag{8.44}$$

となるのですが，左辺の第1～第6項のグループは式(8.37)の右辺とぴったり同じなので $s_u^2$ であり，第7項の( )の中は式(8.36)によって1ですから，おもしろいことには

$$s_u^2-k=0$$
$$\therefore\ s_u^2=k \tag{8.45}$$

であったことがわかります．そこで，私たちは $s_u^2$ を最大にしようとしていることを思い出して $k$ のうちの最大値 $k_1$ を選びましょう．そして，式(8.40)の $k$ の代わりにこの $k_1$ を書き入れてください．

$$\left.\begin{array}{l}a_1(s_x^2-k_1)+b_1 s_{xy}\ \ \ \ \ \ \ \ \ +c_1 s_{xz}\ \ \ \ \ \ \ =0\\ a_1 s_{xy}\ \ \ \ \ \ \ \ \ \ \ \ +b_1(s_y^2-k_1)+c_1 s_{yz}\ \ \ \ \ \ \ =0\\ a_1 s_{xz}\ \ \ \ \ \ \ \ \ \ \ \ +b_1 s_{yz}\ \ \ \ \ \ \ \ \ +c_1(s_z^2-k_1)=0\end{array}\right\} \tag{8.46}$$

こんどは得体の知れない値を含んでいませんから連立して解くことができると嬉しくなるのですが，このままではまだ解けないのです**．

---

* 3次方程式の解き方については拙書『方程式のはなし』，日科技連出版社，161～168ページに克明にご紹介してあります．

けれども

$$a_1{}^2+b_1{}^2+c_1{}^2=1 \qquad (8.36)\text{の一部}$$

も同時に使ってやると，さすがの難問も解けて $a_1$, $b_1$, $c_1$ が求まります．こうして第1主成分

$$u_i=a_1x_i+b_1y_i+c_1z_i \qquad (8.34)\text{の一部}$$

を知ることができました．いやー，くたびれました．

 第2主成分や第3主成分を求めるときの手続きも以上と同じです．もっとも，第2主成分を求めるときには $k^2$ を，第3主成分を求めるときには $k^3$ を使うことはお察しのとおりですが……．

 なお，

$$p_u=\frac{s_u{}^2}{s_u{}^2+s_v{}^2+s_w{}^2}=\frac{k_1}{k_1+k_2+k_3} \qquad (8.47)$$

が第1主成分の寄与率であることは前々節の思想と同じです．


## 具体例を解いてみる

 この本は数学の本ではありません．数学は多変量解析の手段にすぎないのです．それにもかかわらず，前節は式(8.36)の拘束条件のもとで $s_u{}^2$ を最大にするための数学的なテクニックに終始してしまいました．申しわけありません．お詫びの証として具体例をお目に

---

\*\* 式(8.46)だけでは不安になってしまいます．なにしろ

$$\begin{vmatrix} s_x{}^2-k_1 & s_{xy} & s_{xz} \\ s_{xy} & s_y{}^2-k_1 & s_{yz} \\ s_{xz} & s_{yz} & s_z{}^2-k_1 \end{vmatrix}=0$$

ですから……．

**表 8.6 たった 5 人のデータですが**

|   | テニス $x$ | すもう $y$ | 水泳 $z$ |
|---|---|---|---|
| A | 1 | 2 | 3 |
| B | 2 | 1 | 2 |
| C | 3 | 3 | 1 |
| D | 4 | 5 | 5 |
| E | 5 | 4 | 4 |

かけましょう．

表 8.6 は，A から E までの 5 人の青年たちに，テニス，すもう，水泳を対象に，得意さの程度を

　　5, 4, 3, 2, 1

で申告をしてもらったデータです．テニス，すもう，水泳についての得意・不得意を決める成分を抽出するためのデータとしては，あまりにも少人数すぎるのですが，主成分分析の手続きをお見せするのが目的ですから，そのところは目をつぶってください．

さっそく，主成分分析をはじめます．まず，データから各種の分散や共分散を計算してください．容易に

$s_x^2 = 2 \quad s_{xy} = 1.6$

$s_y^2 = 2 \quad s_{xz} = 1$

$s_z^2 = 2 \quad s_{yz} = 1.4$

となるでしょう．これらの値を 155 ページの式(8.42)に代入して整理をすると

$$k^3 - 6k^2 + 6.48k - 1.44 = 0 \tag{8.48}$$

となり，これを解くと

$$k_1 \fallingdotseq 4.68, \quad k_2 \fallingdotseq 1.02, \quad k_3 \fallingdotseq 0.30 \tag{8.49}$$

を得ます．これで下準備がととのいました．

それでは，$s_u^2$ を最大にするような $a_1$，$b_1$，$c_1$ を求めるために $k_1$ の値を式(8.46)に代入して整理してみましょう．

## 8. 主成分分析のはなし

$$-2.68 a_1 + 1.6\, b_1 + \phantom{1.4\,}c_1 = 0 \qquad ① $$
$$1.6\, a_1 - 2.68 b_1 + 1.4\, c_1 = 0 \qquad ② $$
$$a_1 + 1.4\, b_1 - 2.68 c_1 = 0 \qquad ③ $$
$$\hspace{10em}(8.50)$$

となり,未知数が3つで式が3つですから,直ちに3つの未知数が求まるように思うのですが,前にも書いたように,このままではまだ解けないのです.3つの式が互いに独立ではなく,どの式も他の2つの式から作り出せる形になっているからです*.しかたがありませんから③を捨てて①と②から $c_1$ を消して $a_1$ と $b_1$ の比を求め,つづいて①と②から $b_1$ を消して $a_1$ と $c_1$ の比を求めると,結局

$$a_1 : b_1 : c_1 \fallingdotseq 0.492 : 0.535 : 0.462 \tag{8.51}$$

すなわち

$$a_1^2 : b_1^2 : c_1^2 \fallingdotseq 0.242 : 0.286 : 0.214 \tag{8.52}$$

であることがわかります.ここで登場してほしいのが

$$a_1^2 + b_1^2 + c_1^2 = 1 \qquad (8.36)\text{の一部}$$

です.式(8.52)の右辺の値をいっせいに水増ししてこの条件が成り立つように修整すると

$$\begin{cases} a_1^2 \fallingdotseq 0.326 \\ b_1^2 \fallingdotseq 0.386 \\ c_1^2 \fallingdotseq 0.288 \end{cases} \therefore \begin{cases} a_1 \fallingdotseq 0.57 \\ b_1 \fallingdotseq 0.62 \\ c_1 \fallingdotseq 0.54 \end{cases} \tag{8.53}$$

を得ます.したがって,第1主成分は

$$u = 0.57 x + 0.62 y + 0.54 z \tag{8.54}$$

であることがわかりました.

---

* たとえば,一方では①×1.4−②として $c_1$ を消し,他方では②×2.68÷1.4+③として $c_1$ を消すと,両方とも同じ式になってしまい,$a_1$ と $b_1$ が求められません.3つの式が独立でないからです.

同じように，$k_2$ を使って第 2 主成分を，$k_3$ を使って第 3 主成分を求めると，それぞれ

$$v = 0.61x + 0.10y - 0.78z \tag{8.55}$$

$$w = 0.54x - 0.78y + 0.33z \tag{8.56}$$

であることもわかります．このようにして，表 8.6 のデータから，テニス，すもう，水泳の得意・不得意を決める 3 つの主成分を抽出することに成功しました．ちなみに，式(8.47)に $k_1$, $k_2$, $k_3$ の値を代入して寄与率を計算してみると

$$\left.\begin{array}{l} p_u = 78\% \\ p_v = 17\% \\ p_w = \phantom{0}5\% \end{array}\right\} \tag{8.57}$$

と出ます．すなわち，式(8.54)で表わされる第 1 主成分によって，3 種目のスポーツに対する得手・不得手の理由を 78% も説明できるのです．それは，いったい，何でしょうか．さらに，17% については第 2 主成分が説明してくれるのですが，式(8.55)を見ていただくとわかるように，第 2 主成分では $z$（水泳）の係数がマイナスになっています．つまり，この成分があるとテニスとすもうは得手になるけれど水泳は苦手になるのです．これは，いったい，何でしょうか．じっくりと考えてみてください．

じっくりと考えても，わからないかもしれません．これから先は主成分分析の問題ではなく，3 種目のスポーツに関する固有の問題です．そこではきっと，どの筋肉をどのように使うかというスポーツ生理の問題や，反射神経やルールの解釈など情報処理の問題，さらには闘争心とか忍耐力とかいうような精神面の問題など，さまざまな分野での知識が必要になるのでしょう．もう私はお手上げです．

ただ，1つだけ示唆させていただくなら，どの主成分もそれぞれがある種の加重平均になっていることに注意してみる価値がありそうです．たとえば，式(8.54)で与えられる第1主成分は，

　　　テニス：すもう：水泳＝0.57：0.62：0.54

であり，この割合で加重平均された第1主成分が3種目の得意・不得意の78％ものことを物語ってくれるのです．もし，これらの3種目で勝敗を争う競技の選手を選ぶなら，予選の成績をこの割合で混ぜ合わせた総合点を基準に選考するのも一案と思われます．

　すっかり長くなりましたが，前々節と前節では変数が3つの場合について主成分分析の手順をご紹介してきました．変数が4つ以上にふえると，計算はどんどん複雑になってはいきますが，しかし，考え方や手順はまったく同じと考えていただいて結構です．

# 9. クラスター分析のはなし

## 分類 —— この難問

ドイツの精神医学者クレッチマーによると[*]，人間の性格は

　　循環気質，分裂気質，粘着気質

のどれかに属するのだそうです．大ざっぱにいうと，循環気質の人は社交的で善良，分裂気質の人は物静かで非社交的，粘着気質の人は几帳面で礼儀正しく，さらに，循環気質は肥満型でずんぐりした人が多く，分裂気質は細長型で胸や肩幅は狭く，粘着気質は闘士型でスポーツマンタイプの人が多いといわれているようですが，さて，あなたの性格はどれに属するでしょうか．

性格の分類にはこのほかにも，陽気型，短気型，陰気型，平気型のように親しみやすい用語で分類されているものや，もっと衝撃的

---

[*] エルンスト・クレッチマー(1888〜1964)．著者『体格と性格』で体格と性格の関係を著したのは有名．クレッチマーの類型論はユングの類型論とならんで有名．

9. クラスター分析のはなし

*私はどちらかな……この難問*

な表現で分類されているものなどいろいろで, 性格を分類することがいかにむずかしいかを物語っているように思われます.

　分類がむずかしいのは, 別に, 性格だけではありません. デパートでは莫大な種類の商品をどの客にもわかりやすいように売場に配置するための分類に神経を使っているのでしょうが, それでも, どの売場へ行けばいいかと迷うことがしばしばです. その証拠に, つぎの商品はどの売場で売っているか, おわかりになりますか.

　　ローソク, まごの手, ぬい針

　　灰皿, 寒暖計, ハンカチ

　多くのデパートでは家具, 寝具, 衣服, 食料品など用途別の分類に加えて, ヤングフロア, レディースフロアなど年代や性別の分類も併用し, 時季によっては贈答品売場とか特価品売場などの特殊な分類を追加して客の便宜を図ってくれますが, ときには, スポーツ用品売場で買い求めたテニス帽と同じものが衣類売場では半値で売っていたりして, くやしい思いをすることも少なくありません.

とにかく，生物や図書などの分類は，それ自体が研究の対象になっているくらいですから，「分類」はむずかしいのです．そして，「分類」がむずかしいのは，多くの性質のうち何が似ていれば，どのくらい似ていると評価できるのか，について分析をするのがむずかしいからです．そこで，この章ではこの難問に挑戦してみようと思います．

## 6つの商品を分類すれば

手はじめに前節で登場した6つの商品

　　　ローソク，まごの手，ぬい針
　　　灰皿，寒暖計，ハンカチ

を似たものどうしに分類してみることにします．まず，各人で思い思いに分類してみていただけませんか．何を頼りに分類するのか迷うことばかり多くて，なかなか作業がはかどらないにちがいありません．それでは作業の一例をお見せしましょうか．

作業の第1歩として，これら6つの商品を分類する尺度を洗い上げてください．

　　　　生活必需品か
　　　　消耗品か
　　　　贈り物に使えるか
　　　　身近にざらに見当たるか
　　　　価格の幅が小さいか
　　　　燃えやすいか
　　　　こわれやすいか

9. クラスター分析のはなし

まだまだありそうですが, とりあえず, このくらいにしておきましょうか. つぎに, 6つの商品のそれぞれについて, これらの尺度に合致すれば○, 合致しなければ×を付けます. 合致するかどうか不明なら？でも付けておいてください. こうして表9.1ができ上がります.

**表9.1　分類するための尺度にてらして**

|  | 生活必需品か | 消耗品か | 贈り物になるか | ざらにあるか | 価格幅が小さいか | 燃えやすいか | こわれやすいか |
|---|---|---|---|---|---|---|---|
| ローソク | × | ○ | × | × | ○ | ○ | ○ |
| まごの手 | × | × | × | × | ○ | ? | × |
| ぬい針 | ○ | × | × | ○ | ○ | × | × |
| 灰　皿 | ○ | × | ○ | ○ | × | × | ? |
| 寒暖計 | × | × | ○ | × | × | ? | ○ |
| ハンカチ | ○ | ? | ○ | ○ | × | ○ | × |

まごの手は竹製ばかりではなく, 軽金属でできたものがありそうなので「燃えやすいか」は？としておきましたし, ハンカチにはずいぶん高価なものがあるので「消耗品か」はやはり？としました. また, 灰皿, 寒暖計, ハンカチの「価格幅が小さいか」に×を付けてあるのは, これらには装飾品を兼ねた高価なものがあると思ったからです. このほかにもいくつかの疑念がありますが, 目をつぶっておいてください.

つぎには, 表9.1を見ながら2つずつの商品について共通点の百分率を書き出してください. たとえば, ローソクとまごの手の組合せについては, 「燃えやすいか」の欄には？があって評価できないので除外し, 残りの6項目のうち「必需品か」と「贈り物になるか」と「ざらにあるか」が×どうし, 「価格幅が小さい」が○どうしで一致していますから, 一致の割合は4/6, すなわち約67%と

表 9.2 一致の％は

|  | ハンカチ | 寒暖計 | 灰皿 | ぬい針 | まごの手 |
|---|---|---|---|---|---|
| ローソク | 17 | 50 | 0 | 43 | 67 |
| まごの手 | 20 | 50 | 20 | 50 | |
| ぬい針 | 50 | 0 | 50 | | |
| 灰　　皿 | 80 | 60 | | | |
| 寒暖計 | 40 | | | | |

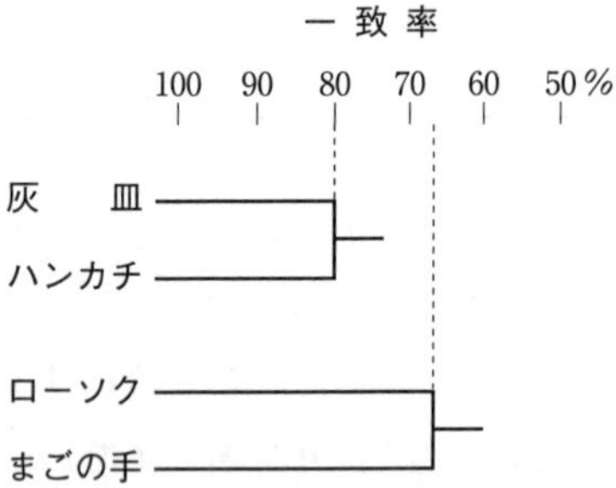

図 9.1 途中経過を説明すれば

いうぐあいに算出するのです. 同じように, すべての組合せについて一致の百分率を求めて一覧表にしたのが表 9.2 です.

この表を見まわしてください.「灰皿とハンカチ」が 80％ という高い一致率を示しているのが目につきます. きっと, 灰皿とハンカチは同じ仲間であるにちがいありません. そこで, 灰皿とハンカチをくくります. せっかく 80％ という一致率までわかっているのですから, 80％ のレベルでくくることにしましょう. つぎに目につくのが「ローソクとまごの手」の 67％ です. これも親しい仲間にちがいありませんから 67％ のレベルでくくりましょう. 図 9.1 のようにです.

つぎがちょっと問題です. 80％, 67％ についで大きいのは,「灰皿と寒暖計」の 60％ なのですが, 灰皿はすでにハンカチとくくられています. もし, 寒暖計を「灰皿とハンカチ」とくくるなら, そのレベルは

灰皿とハンカチ　　　80％  
灰皿と寒暖計　　　　60％ ⎫の平均　60％  
ハンカチと寒暖計　　40％ ⎭

としなければならないでしょう．ところが，最後に取り残された「ぬい針」を「灰皿とハンカチ」とくくるとしても，そのレベルは

灰皿とハンカチ　　　80%  
灰皿とぬい針　　　　50%  ｝ の平均　60%  
ハンカチとぬい針　　50%

となりますから，寒暖計とぬい針とでは「灰皿とハンカチ」の仲間にはいる優先権が等しいのです．そこで，寒暖計とぬい針のどちらかが「ローソクとまごの手」にもっと近くはないのかと調べてみます．

ローソクとまごの手　　67%  
ローソクと寒暖計　　　50%  ｝ の平均　56%  
まごの手と寒暖計　　　50%

ローソクとまごの手　　67%  
ローソクとぬい針　　　43%  ｝ の平均　53%  
まごの手とぬい針　　　50%

残念ながら，どちらも60%より低いレベルです．したがって，寒暖計とぬい針はともに60%のレベルで「灰皿とハンカチ」とくらざるを得ません．そして最後に，これら6つの商品を表9.2の値ぜんぶを平均して得た40%のレベルでくくると図9.2のような分類ができ上がります．いかがでしょうか．ローソクとまごの手のグループと他の4種のグループに2大別され，4種

図9.2　こうして分類でき上がり

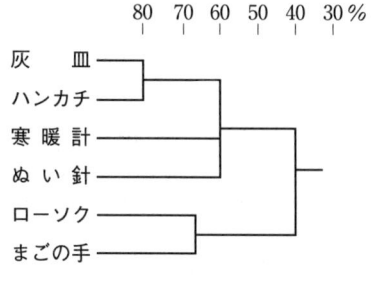

のグループの中では，灰皿とハンカチが特に近い仲間であるというようなことが読みとれるではありませんか*.

## もう1つの例

もう1つの例を取り上げてみましょう．表9.3は

　　　埼玉，岐阜，鳥取，山口，熊本，沖縄

の6県についての架空のデータです．これらの6県を選んだ理由はとくにありません．強いていえば，あとで分類に困るような県を手当たり次第に選んだと思っておいてください．また，県の性質を表わす項目は，このほかにも，面積，平地の割合，緯度，工業生産額などなどいくらでもありますが，例によって分類の手順をご紹介するのが目的ですから，勝手に表9.3の7項目に限定させていただきました．さて，これら6つの県を似たものどうしに分類してみてく

**表9.3　6つの県のデータ**

| 項目<br>県 | 人口<br>(万人) | 人口密度<br>(人/km²) | 年間所得<br>(万円/人) | 下水道の<br>普及率<br>(%) | 大学生数<br>(人/万人) | 重要文化<br>財の数<br>(件) | 年間平均<br>気温<br>(℃) |
|---|---|---|---|---|---|---|---|
| 埼玉 | 700 | 1860 | 344 | 72 | 184 | 73 | 15.4 |
| 岐阜 | 210 | 200 | 299 | 60 | 99 | 144 | 16.2 |
| 鳥取 | 60 | 170 | 270 | 55 | 126 | 51 | 15.2 |
| 山口 | 150 | 250 | 292 | 52 | 128 | 132 | 15.9 |
| 熊本 | 190 | 250 | 266 | 54 | 157 | 61 | 17.4 |
| 沖縄 | 140 | 600 | 220 | 61 | 140 | 29 | 23.2 |

---

\* 同じ手順で，人魚，河童（かっぱ），天狗（てんぐ），麒麟（きりん），竜，鳳凰（ほうおう）を分類した例を拙書『評価と数量化のはなし』，231ページに紹介してあります．

ださい.

似たものどうしというヒントからすぐ気がつくのは,県どうしの相関係数を求め,大きな値を示した県どうしを仲間としてくくっていくことです.というわけで,さっそく県どうしの相関係数を計算したいのですが,表9.3のままではいけません.人口密度のように170から1860までの広い範囲にちらばった値と,下水道の普及率のように,52から72までの間にまとまった値などが混在しています*.したがって,このままの値から県どうしの相関係数を算出すると,それは人口密度に大きく左右され下水道にはあまり影響されない値になってしまいます.

この不公平を避けるために,各項目のデータをすべて0〜10の幅に修整してしまいましょう.それには,項目ごとに

$$\frac{\text{あるデータの値}-\text{最小値}}{\text{最大値}-\text{最小値}}\times 10 \qquad (9.1)$$

という値に換算すればよさそうです**.たとえば,人口の項目では最大値が700,最小値が60ですから,岐阜の値は

---

* 表9.3では人口密度の単位が 人/km² になっていますから,データが170〜1860に広がっていますが,単位を 万人/km² とすればデータは 0.017〜0.186 の幅に圧縮されてしまいます.ことほど左様に,表9.3のような場合,項目ごとの分散には意味がないことにご注意ください.
** 式(9.1)は,それぞれの項目について最大値が10,最小値が0になるように,他のデータを「差」によって按分しています.これに対して,最大値が10,最小値が1になるように「比」によって按分する方法も考えられます.数量化としては後者のほうが優れているかもしれませんが,結果的には「差」によっても「比」によっても似たような値になるので,計算が単純な「差」のほうを使いました.

$$\frac{210-60}{700-60}\times10 \fallingdotseq 2 \tag{9.2}$$

というぐあいです．こうしてすべての項目について，データを 0 ～ 10 の値に換算すると表 9.4 のようになります．

表 9.4　データの重みを揃える

|  | 人口 | 密度 | 所得 | 下水道 | 大学生 | 重文 | 気温 |
|---|---|---|---|---|---|---|---|
| 埼玉 | 10 | 10 | 10 | 10 | 10 | 4 | 0 |
| 岐阜 | 2 | 0 | 6 | 4 | 0 | 10 | 1 |
| 鳥取 | 0 | 0 | 4 | 2 | 3 | 2 | 0 |
| 山口 | 1 | 0 | 6 | 0 | 3 | 9 | 1 |
| 熊本 | 2 | 0 | 4 | 1 | 7 | 3 | 3 |
| 沖縄 | 1 | 3 | 0 | 5 | 5 | 0 | 10 |

では，2 つの県どうしの相関係数を求めましょう．たとえば，埼玉と岐阜の相関係数は

　　10　10　10　10　10　 4　 0
と　 2　 0　 6　 4　 0　10　 1

を並べて 40 ページの表 3.4 の手順どおりに計算をすれば，求められることは言うに及びません．こうして，6 つの県から 2 つずつを取り出す 15 の組合せについて相関係数を算出し，一覧表にしたの

表 9.5　県どうしの相関を調べる

|  | 沖縄 | 熊本 | 山口 | 鳥取 | 岐阜 |
|---|---|---|---|---|---|
| 埼玉 | −0.36 | −0.04 | −0.22 | 0.33 | −0.21 |
| 岐阜 | −0.85 | −0.19 | 0.84 | 0.45 |  |
| 鳥取 | −0.15 | 0.61 | 0.59 |  |  |
| 山口 | 0.01 | 0.43 |  |  |  |
| 熊本 | 0.09 |  |  |  |  |

## 9. クラスター分析のはなし

が表 9.5 です．

ここまで準備すれば，あとは前節の例と同じ考え方に従って，似たものどうしにくくっていくことができます．まず，もっとも正の相関が強い岐阜と山口を図 9.3 の①のように 0.84 のレベルでくくってください．つぎには，正の相関が強い鳥取と熊

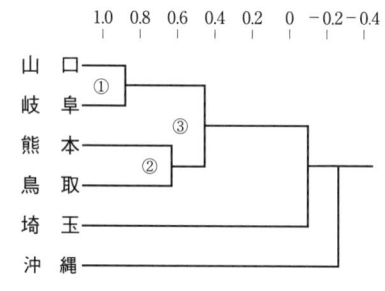

**図 9.3 いかがでしょうか**

本を 0.61 のレベルで②のようにくくりましょう．つづいて，①の山と②の山を③のようにくくるのですが，その位置は

| | | | | |
|---|---|---|---|---|
| 山口と岐阜 | 0.84 | 岐阜と熊本 | −0.19 | |
| 山口と熊本 | 0.43 | 岐阜と鳥取 | 0.45 | 平均 0.46 |
| 山口と鳥取 | 0.59 | 熊本と鳥取 | 0.61 | |

とすればいいでしょう．

このあと，沖縄の他の 5 県に対する相関の平均値を求めてみると [−0.25] ですし，また埼玉の他の 4 県（沖縄を除く）に対する相関の平均値を調べてみると [−0.10] くらいになっています．そこで，これらの値をすなおに具現化するように樹形図\*を描いてみたのが図 9.3 です．これで作業終了です．ご感想はいかがでしょうか．

---

\* 図 9.2 や図 9.3，あるいは品質管理の手法として名高い特性要因図などは，枝分かれをした樹木の形をしているので樹形図と呼ばれます．なお，グラフ理論の立場からみると樹形図にはおもしろい性質があります．関心のある方は拙書『図形のはなし』，日科技連出版社，43 ページあたりをごらんください．

## 主要な因子が判明すれば

 前節では6つの県を似たものどうしに分類した挙句に，ご感想はいかがですか，ときたものです．にわかにご感想はといわれても返答に窮しますが，ただ1つ，大いに気になることがあります．前節の作業では —— 前々節の作業にも同じことがいえますが —— 人口から年間平均気温までの7項目が「似たものどうし」の判定に同じ影響力を行使するように仕組んでありました．けれども私たちの日常感覚としては，県どうしの類似性を判定するとき，重要文化財の数が年間所得と同じウエイトを持っているとは思えないではありませんか．したがって，前節の作業で7項目ぜんぶを同じウエイトで判定に参加させたところが大いに気になってしかたがないのです．

 気になってしかたなければ，なんとか解決しなければなりません．それには第7章でご紹介した因子分析の手法が役に立ちそうです．なにしろ，数多くの要因の中からいくつかの重要な因子を選び出すのが，因子分析のもっとも基本的な仕事なのですから．

 県の類似性を決める主な因子を抽出するには，108〜112ページあたりでタレント性を決める因子を特定したときと似たような手法を使えばよさそうです．具体的にいうと，まず，特徴のはっきりしたいくつかの県をモデルとして採用します．たとえば

| | |
|---|---|
| 人口，人口密度，大学生数がずば抜けて多い | 東京 |
| 人口密度が最低の | 北海道 |
| 重要文化財が日本一の | 京都 |
| 下水道の普及率が最低の | 和歌山 |
| 年間平均気温が最低の | 北海道 |

などをモデル県とするのです．そして，なるべく多くの人たちの協力を得て，2つの県ごとのペアについて類似性を

　　とても似ている　　　　　2
　　似ている　　　　　　　　1
　　どちらともいえない　　　0
　　似ていない　　　　　　−1
　　まったく似ていない　　−2

くらいの基準で採点してもらい，それを集計しましょう．あとの手続きは表7.3の場合とそっくりです．かりに協力者たちの意見が東京と北海道がまったく似ていないというなら，まったく反対の傾向を示している人口密度に◎を与えるようにです．こうしてたくさんの◎や○が与えられた項目は，県どうしの類似性を決定するような因子であるにちがいありません．

　さて，話を私たちの分類に戻します．私たちは前節では，7つの項目のすべてが県の類似性に対して同じ影響力を行使するとしていましたが，因子分析をしてみたところ，県の類似性を決定づける因子は所得と下水道普及率の2項目だけであったとしてみましょう．こうなると，前節で作った図9.3の分類は正しくなかったことになります．改めて分類のしかたを考え直さなければなりません．

　考え直してみると，因子が2つだけの場合には縦軸と横軸に2つの因子をとった座標の上に，県の位置を印してみるのがもっとも簡単で実用的な方法であることに気がつきます．図9.4を見てください．横軸には所得(万円/人)を，縦軸には下水道の普及率(%)をとって，その座標の上に6つの県を●で印してあります．明らかに熊本と山口がごく近い似たものどうしであり，大目に見れば岐阜と鳥

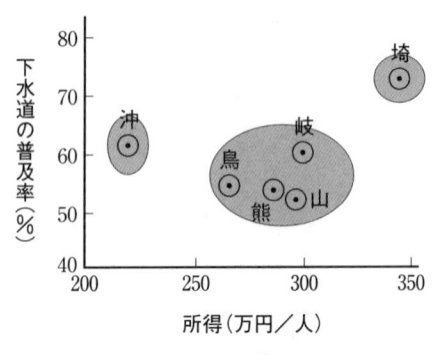

図 9.4　所得と下水道が因子なら

取もこの仲間に入り，大目に見ても沖縄と埼玉は孤立していることが，よくわかるではありませんか．

なお，座標軸の目盛りは，表 9.4 のように均等化したものを使っても差し支えありません．いや，類似の度合いを問題にするときには，そのほうがいいくらいです．この点については，あとで触れるつもりですから，もうしばらくお待ちください．

因子分析の結果，県どうしの類似性を決める因子が 2 つだけであった場合には，図 9.4 のように目で確かめながら分類することができました．では，因子分析の結果，所得と下水道の普及率と人口密度の 3 つが主要な因子であったとしたら，どうすればいいでしょうか．

私たちは 3 次元の世界に住んでいますから，3 次元空間の位置や図形を知覚することはむずかしくありません．ただ，それを平面上に描いて理解するには多少の想像力を必要とします．図 9.5 は，所得と下水道普及率と人口密度とを 3 軸にした立体座標の中に 6 つの県を●で印した図です．想像力を発揮して，この図から 3 次元空間を頭に描いてみてください．こんども因子が 2 つの場合と同様に，沖縄と埼玉が孤立し，他の 4 つの県は依然として同じ仲間であることが読みとれます．

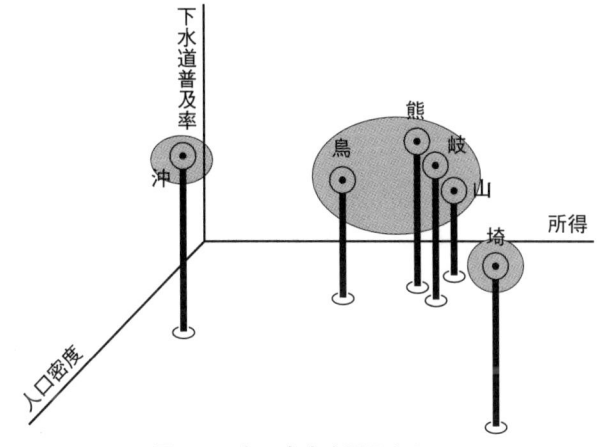

**図 9.5　人口密度も因子なら**

では因子が 4 つなら……？　4 次元空間の姿を図に描くのはほとんど不可能ですから，こんどは座標の中に印された県の位置を目で確かめるのは諦めて，図 9.3 のような樹形図を描かなければなりません．そのためには，表 9.4 の項目を必要な 4 項目だけに縮小して，あとは前節で図 9.3 を作ったときとまったく同じ手順を踏んでください．

## 主成分によって分類する

もういちど，県の類似性を決める因子が所得と下水道普及率の 2 つだけの場合に話を戻します．2 歩進むために 1 歩さがるのです．

因子が 2 つだけの場合には，174 ページの図 9.4 のように平面座標の上に県の位置を印すことによって，県どうしの類似の状況が容易に読みとれるのでした．けれども，2 つの因子を統轄するもっと

**表 9.6 主成分分析のために**

|  | 所得 $x$ | 下水道 $y$ |
|---|---|---|
| 埼玉 | 10 | 10 |
| 岐阜 | 6 | 4 |
| 鳥取 | 4 | 2 |
| 山口 | 6 | 0 |
| 熊本 | 4 | 1 |
| 沖縄 | 0 | 5 |

本質的な成分があるなら,その成分軸の上で類似性を判定するほうが,さらに上策ではありませんか.そこで,項目ごとの重みを揃えた表 9.4 から抜き書きした表 9.6 の値によって,主成分を計算してみましょう.

まず,表 9.6 から分散を求めると*

$$\left.\begin{array}{ll} s_x^2 = 9 & s_x^4 = 81 \\ s_y^2 = 11 & s_y^4 = 119 \\ s_{xy} = 5 & s_{xy}^2 = 25 \end{array}\right\} \quad (9.3)$$

となります.以下,式(8.32)と式(8.33)によって

$$J = 104 \tag{9.4}$$

$$\begin{cases} a^2 = 0.60 \\ b^2 = 0.40 \end{cases} \quad \begin{cases} a = 0.77 \\ b = 0.63 \end{cases} \tag{9.5}$$

を得ます.したがって

第 1 主成分　　$u = 0.77x + 0.63y$ 　　(9.6)

第 2 主成分　　$v = -0.63x + 0.77y$ 　　(9.7)

であることがわかりました.つづいて,148 ページあたりと同じ手順で寄与率を計算してみると

$$s_u^2 = 14.3 \quad s_v^2 = 12.1$$

となりますから,式(8.19)や式(8.20)を真似れば

第 1 主成分の寄与率　　$p_u = 54\%$

---

\* このあたりの = はすべて ≒ の略記です.数値も数桁下まで計算した値を適当な桁数でまるめたものです.

## 9. クラスター分析のはなし

第2主成分の寄与率　　$p_v = 46\%$

がわかります．2つの主成分ともそれなりに寄与しているのですから，どちらか一方の主成分だけを取り上げればいいというわけにはいきません．それぞれの主成分について検討してみましょう．

図9.6は，第1主成分軸の上に6つの県を投影した図です．明らかに，沖縄，鳥取，熊本，山口の4県が似たものどうしです．そして，岐阜もこれらの仲間に入れてもいいかもしれません．ただし，埼玉だけは孤立しているのが目を引きます．

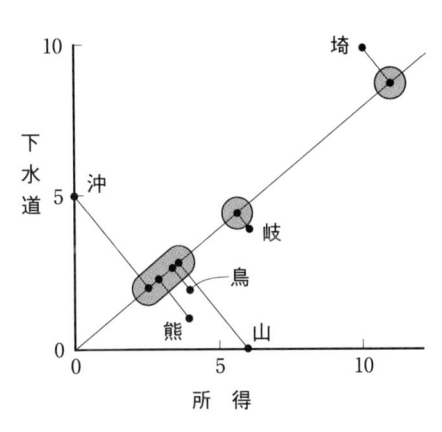

図9.6　第1主成分によれば

つぎに，第2主成分軸の上に6つの県を投影したのが図9.7です．こんどは，沖縄と山口が反対方向に仲間はずれにされてしまいました．それにしても，鳥取と熊本は，いつもべったりですね．

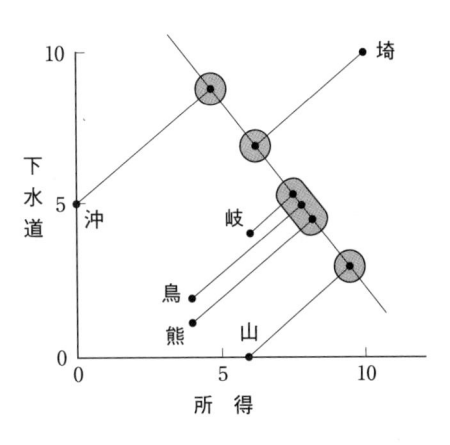

図9.7　第2主成分によれば

いまの例では、2つの主成分がそれなりに寄与していたので、両方の主成分軸上で分類を判定する必要があり、しかも具合の悪いことに、両方の判定にかなりの差がありましたから、6つの県の分類について目を見張るほどの成果は得られず、それどころか、かえって迷いを大きくしてしまったかもしれません．

しかし、もし、第1主成分の寄与率が第2主成分に比べてずっと大きいような場合には、第1主成分軸上の位置によって、かなり本質的な分類を発見できると期待していいでしょう．そしてまた、第1主成分軸上の分類と第2主成分軸上の分類に共通点があれば、それは分類の決定に大きな示唆を与えてくれるにちがいありません．現実に、そのような例がいくつも報告されて、私たちを勇気づけてくれているのです．

## 類似性を長さで測る

図9.4〜図9.7までの4つの図では、県の性格を示す黒丸の位置を目で確かめながら分類を決めることができました．目で確認できるのですから実感を伴うし、安心もできます．その代わり、図9.2などの樹形図のように等しさのレベルを教える数値がないのが寂しい気がします．そこで、各県の相違を距離で測ることを考えてみましょう．距離が近ければ近いほど似ている程度が強く、距離が遠ければ遠いほど似ていないのですから、距離によって似

表9.7 第1主成分軸上の距離

| | $u$の値 | 差 |
|---|---|---|
| 埼玉 | 14.0 | |
| 岐阜 | 7.1 | 6.9 |
| 山口 | 4.6 | 2.5 |
| 鳥取 | 4.3 | 0.3 |
| 熊本 | 3.7 | 0.6 |
| 沖縄 | 3.2 | 0.5 |

**表 9.8 樹形図のために**

|  | 沖縄 | 熊本 | 鳥取 | 山口 | 岐阜 |
|---|---|---|---|---|---|
| 埼玉 | 10.8 | 10.3 | 9.6 | 9.4 | 6.9 |
| 岐阜 | 3.9 | 3.4 | 2.8 | 2.5 |  |
| 山口 | 1.4 | 0.9 | 0.3 |  |  |
| 鳥取 | 1.1 | 0.6 |  |  |  |
| 熊本 | 0.5 |  |  |  |  |

ている程度を数量的に表現できようというものです．

もっとも簡単なのは主成分軸上の位置で分類を決める場合です．たとえば，前節の例では第 1 主成分が

$u = 0.77x + 0.63y$ （9.6）と同じ

でしたから，表 9.6 のデータから $u$ を計算して大きい順に並べ直すと表 9.7 のようになります．これは図 9.6 に描かれた第 1 主成分軸上の各県の位置を数値で示したものにほかなりません．山口と鳥取との差はたった 0.3 ですから，この両県がもっともよく似ており，埼玉と岐阜はその十数倍も相違していることなどがわかります．

すべての県の組合せについて $u$ の値の差を求めてみたのが表 9.8 です．これらの値は 2 つの県どうしについて相違の距離を示しています．そこで，これらの値を使い 166 ページあたりの手法を利用し

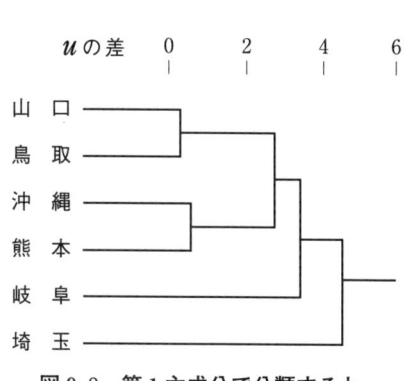

**図 9.8 第 1 主成分で分類すると**

て相違の小さいほうから仲間としてくくっていくと，図9.8のような分類の樹形図が描かれています．いかがでしょうか．表9.8と図9.8のどちらがわかりやすいでしょうか．それぞれ特長があるとは思うのですが……．

2つの因子軸で作られた平面座標軸上に県の位置が印されている場合も，距離を求めるのは容易です．ただし，図9.4のように縦軸と横軸の単位が異なるのはまずいので，表9.4のように無次元化して重みを揃えた値を使ってください．そうすると，因子が所得と下水道の場合には

$$\left.\begin{array}{l}埼玉と岐阜の距離=\sqrt{(10-6)^2+(10-4)^2}\fallingdotseq 7.2 \\ 埼玉と鳥取の距離=\sqrt{(10-4)^2+(10-2)^2}\fallingdotseq 10 \\ \qquad\qquad\qquad\text{などなど}\end{array}\right\} \quad (9.8)$$

というように県どうしの相違の距離が求まります．ご用とお急ぎでない方はすべての県の組合せについて相違の距離を求め，分類の樹形図を描いてみてください．

因子が3つにふえても理屈は同じです．たとえば，所得と下水道に密度が加わった場合

$$埼玉と岐阜の距離=\sqrt{(10-6)^2+(10-2)^2+(10-0)^2}$$
$$\fallingdotseq 8.9 \qquad (9.9)$$

というぐあいです．すべての県の組合せについて，このような距離を算出すれば，分類の樹形図が描けることも言うに及びません．そして，因子が4つ以上にふえても理屈が変わらないことについても多言を要しないでしょう．

## 少しばかり凝ってみる

この章の最後を飾って、玄人好みの例題をご紹介しましょう。170ページあたりで6つの県について相関係数を求めたことがありましたが、こんどは、埼玉、熊本、沖縄の3県について、もっとたくさんの評価項目を使い同じ手順で相関係数を求めたところ

　　　埼玉と熊本　　　約 $-0.7$
　　　埼玉と沖縄　　　約 $-0.5$
　　　熊本と沖縄　　　約 $0.2$

となったと仮定しましょう。さて、この3県を直線状に並べてください。もちろん、相関係数にふさわしい間隔を保つように、です。作業にかかる前に、おおよそどのような関係位置に配置されるかを考えてみていただけませんか。

埼玉と熊本はかなり大きな負の相関ですから遠くに離れていなければならないし、埼玉と沖縄はそれほどは離れていないはずです。そして、熊本と沖縄は正の相関ですから、ごく近くに位置しますが、しかし相関係数が1ではありませんから、同じ位置を占めてはいけません。そうすると図9.9のようになりそうです*。では、その間隔をきちんと計算してみましょう。

まず

---

\* 埼玉と熊本の間隔を7cm、埼玉と沖縄の間隔を5cmにすれば、熊本と沖縄の間が2cmになるから、それぞれの相関係数に比例してちょうどいい、などと考えてはいけません。熊本と沖縄の相関係数が $-0.2$ ならちょうどいいかもしれませんが……。

**図 9.9** このくらいかな？

埼玉の位置を　$x_1$
沖縄の位置を　$x_2$
熊本の位置を　$x_3$

としましょう．なお，この場合

$$x_1 > x_2 > x_3 \tag{9.10}$$

としておいたほうが，あとの始末がらくです．こうすると私たちの3つの願いは

　　$x_1 - x_2$　を　0.5 に比例して大きくしたい
　　$x_1 - x_3$　を　0.7 に比例して大きくしたい
　　$x_2 - x_3$　を　0.2 に比例して小さくしたい

と書くことができます．ここで

$$Y = 0.5(x_1 - x_2)^2 + 0.7(x_1 - x_3)^2 - 0.2(x_2 - x_3)^2 \tag{9.11}$$

という関数を考えます．右辺の第1項は第1の願いを実現するためにあります．離れっぷりを表わすには2乗しておくのが常套手段ですし，それに0.5をかけてありますから，第1の願いを実現しようとすれば$Y$を大きくする効果が生じます．右辺の第2項は第2の願いに対応しています．第2の願いはやはり$Y$を大きくする効果を生

じます．そして第3項は第3の願いに相当します．第3項はマイナスですから，第3の願いはやはり $Y$ を大きくする効果を生むのです．

こういうわけなので，私たちは $Y$ をなるべく大きくする努力をすることにしましょう．そうすれば私たちの3つの願いが同時に実現するにちがいありません．さっそく $Y$ を最大にする努力を開始するのですが，その前にちょっとした準備をします．第1には

$$x_1 + x_2 + x_3 = 0 \tag{9.12}$$

という条件を採用します．私たちは3つの県の相対的な位置を知りたいのですが，できることなら宇宙の彼方に3つの県が並ぶより目の前に並んでほしいものです．そこで式(9.12)の条件を与えることによって，3つの県の中心を目の前に持ってこようというわけです．つづいて第2には

$$x_1^2 + x_2^2 + x_3^2 = 1 \tag{9.13}$$

という条件もつけます．3つの県の中心が目の前であっても，左右へおそろしいほど広がってしまうのを避けるためです．これは138ページで採用した式(8.4)と同じ思想です．

こうして私たちは

$$\begin{aligned} x_1 + x_2 + x_3 &= 0 \\ x_1^2 + x_2^2 + x_3^2 &= 1 \end{aligned} \quad \begin{cases} (9.12) と同じ \\ (9.13) と同じ \end{cases}$$

の拘束条件のもとに

$$Y = 0.5(x_1 - x_2)^2 + 0.7(x_1 - x_3)^2 - 0.2(x_2 - x_3)^2 \quad (9.11)と同じ$$

を最大にするような $x_1$, $x_2$, $x_3$ を求めていくことになりました．

でははじめます．まず，式(9.12)と式(9.13)から

$$x_2 = -0.5 x_1 \pm 0.5 \sqrt{2 - 3 x_1^2} \tag{9.14}$$

$$x_3 = -0.5 x_1 \pm 0.5 \sqrt{2 - 3 x_1^2} \tag{9.15}$$

であることがわかりますから，これらを式(9.11)に入れて整理すると途中経過は省略しますが

$$Y = 2.4x_1^2 \pm 0.3x_1\sqrt{2-3x_1^2} + 0.2 \tag{9.16}$$

が得られます．そこで，$Y$ を $x_1$ で微分してゼロに等しいとおきます．これは最大値や最小値を求めるための常套手段です*．

$$\frac{dY}{dx_1} = 4.8x_1 + 0.3\left\{\sqrt{2-3x_1^2} - \frac{3x_1^2}{\sqrt{2-3x_1^2}}\right\} = 0 \tag{9.17}$$

しこしこと整理していくと

$$72.36x_1^4 - 48.24x_1^2 + 0.36 = 0 \tag{9.18}$$

となりますから，これを $x_1^2$ に関する2次式とみなして解けば

$$x_1^2 = 0.659 \quad \text{または} \quad 0.0075 \tag{9.19}$$

であり，したがって

$$x_1 = 0.812 \quad \text{または} \quad 0.087 \tag{9.20}$$

であることがわかります**．これらの値を式(9.14)と式(9.15)に代入して $x_2$ と $x_3$ を求めると，$x_1$, $x_2$, $x_3$ の組合せは

$$\left\{\begin{array}{c} 0.812 \\ -0.330 \\ -0.482 \end{array}\right. \quad \left\{\begin{array}{c} 0.812 \\ -0.482 \\ -0.330 \end{array}\right. \quad \left\{\begin{array}{c} 0.087 \\ 0.699 \\ -0.707 \end{array}\right. \quad \left\{\begin{array}{c} 0.087 \\ -0.707 \\ 0.699 \end{array}\right.$$

の4種類もできてしまいますが，このうちで式(9.10)を満たすのは

---

* 厳密には，「最大値や最小値」ではなく「極大値や極小値」というのがほんとうです．拙書『微積分のはなし(上)』，51ページをご参照くださればと思います．

** 式(9.20)は，$x_1 = \pm 0.812$ または $\pm 0.087$ ではないかと思われるかもしれませんが，式(9.10)と式(9.12)によって，$x_1$ は正の値であることが保証されているのです．

$$x_1 = 0.812$$
$$x_2 = -0.330 \qquad (9.21)$$
$$x_3 = -0.482$$

だけですから,これが私たちの3つの願いを成就させてくれる値であることになります.

この関係を図示したのが実は182ページの図9.9でした.沖縄はずいぶん熊本のほうに近すぎるように感じますが,沖縄は埼玉とは負の相関があって反発され,熊本とは正の相関があって引き寄せられるのですから,これが当然の結果なのです.

この節ではずいぶん凝った手法をご紹介してしまいました.現実の問題としてはこれほど凝らなくてもよさそうですが,しかし,自然科学の進歩にはこのような玄人好みの挑戦がぜひ必要なのですから,お許しいただきたいと思います.

この章では,分類のしかたに焦点を当ててきました.分類というのは文字どおり似たものどうしのグループに分けていくことですが,これを反対側から見れば,似たものどうしの**群**にまとめあげていく操作ということができます.たとえば図9.8では,まず岐阜と山口の群を作り,つぎに埼玉も加えた群にまとめ,いっぽう,沖縄と鳥取をくくって1つの群とし,さらに,熊本を追加した群にまとめていきました.もちろん,やたらとまとめるのではなく,しっかりした数値的な根拠にもとづいて,です.このような群は**クラスター**と呼ばれていますので,この章でご紹介したような手法は**クラスター分析**と名付けられています.

# *10.* 判別分析のはなし

## 判別分析の登場

 ずばり本題にはいりましょう.ほんとうは,○か×か,ONか OFFか,YESかNOか,恋愛か見合いか,善か悪かなどのデジタル社会らしい二者択一の思想傾向についてひとこと語りたい気もするのですが,原稿用紙も残り少ないので,ずばり本題にはいろうと思うのです.

 図10.1を見てください.リンゴでも柿でもなんでもいいのですが,同じ種類の果実を数十個あつらえて甘さを測定したところ,甘さのデータはきれいに正規分布しました.つづいて硬さも測ってみたところ,こちらもきれいな正規分布になりました.私たちの常識からいえば,これらの果物は同じロット*から取り出された数十個

---

 * 同じ原料から同じ時期に同じ生産工程で作り出された製品のグループをロット (lot)といいます.そして,同じロットに属する製品の特性(長さ,硬さなど)は正規分布するはず,というのが経験的な常識であり,この常識の上に品質管理↗

## 10. 判別分析のはなし

にちがいありません．

ところが，です．横軸に硬さ，縦軸に甘さをとった平面座標の上にデータを印してみて愕然とするのです．いちばん下の図のように，これら数十個のデータは明らかに2つのグループに別れているではありませんか．その証拠に，45°ぐらいの方向から透かして見ると，2山の正規分布が出現してしまうのです．きっと，これらの数十個は，異質な2つのロットから取り出されたものが混在しているにちがいありません．甘さや硬さを単独に調べただけでは，危うくこの事実を見逃すところでした．

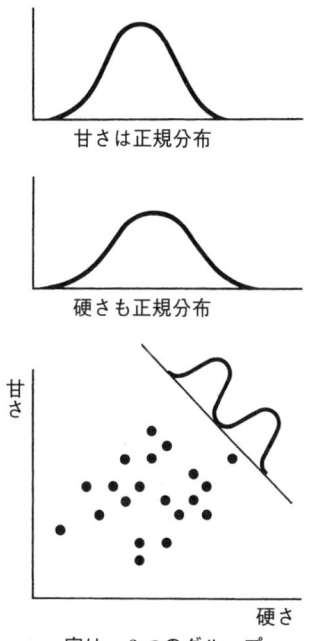

甘さは正規分布

硬さも正規分布

実は，2つのグループ

**図10.1 隠された事実**

この事実を逆の立場からいえば，図10.2のとおりです．いちばん上の図のように，もともと2つのグループに分かれたデータがあるとしましょう．もともと2つに分かれているのですが，それをある方向から観察すると2つのグループが混じり合って境い目が判然としません．念のためにと考えて，90°異なる方向から観察してみると，ますます2つのグループが混じり合ってしまい，1つのグループのように見えてしまう……．

---

↗などの理論が組み立てられています．

どの方向が 判別しやすいか

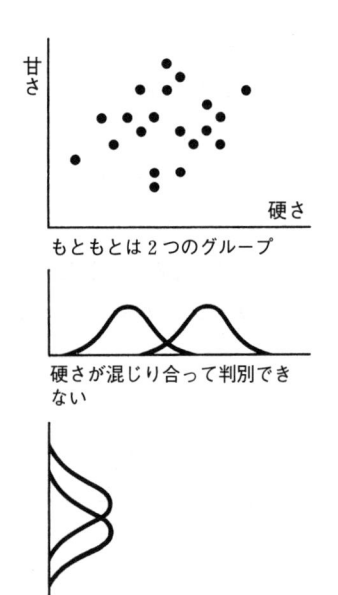

甘さ

硬さ

もともとは 2 つのグループ

硬さが混じり合って判別できない

甘さはもっと混じり合っている

**図 10.2　観察の方角がたいせつ**

　これではデータの本質をまるで見失ってしまいます．もともと 2 つのグループがあるのですから，2 つのグループをはっきりと区別できる方向から観察しなければいけません．見分けることを判別といいますから，もっとも明瞭に判別できる方向から観察しなければならないのです．その方向は，どうすれば発見できるでしょうか．これを解くために準備されているのが**判別分析**と呼ばれる手法です．

## こうすれば判別できる

具体例に進みましょう．表 10.1 を見てください．これはある会社の同期生 6 名についてのデータです．入社試験のときの学科の成績 $x$ と面接の成績 $y$ とその合計が記録されています．そして，入社後何年かたった現在の実力は○と×で示されています．

表 10.1 実績はこうだ

| 氏　　　名 | 学科 $x$ | 面接 $y$ | 合計 | 実力 |
|---|---|---|---|---|
| だざい　かずお | 9 | 6 | 15 | × |
| れんだ　じろう | 8 | 8 | 16 | ○ |
| にしの　たみお | 7 | 7 | 14 | ○ |
| しもだ　みのる | 5 | 5 | 10 | × |
| よしの　ちかと | 4 | 4 | 8 | × |
| かさま　こうじ | 3 | 6 | 9 | ○ |

人間の能力や実力は，ほんとうは○や×で 2 つに区分されるものではないと思います．けれども，実社会では「あいつは役に立つ」か「あいつはダメ」の評価を受けることが多く，中間的な評価が少ないことも事実です．裁判では「有罪」か「無罪」かに，入学試験や入社試験では「合格」か「不合格」に，結婚の申し込みに対しては「諾」か「否」に分類されてしまうくらいですから，「役に立つ」と「ダメ」に区分されるのも止むを得ないのかもしれませんが，「役に立つ」といわれればますますその気になって役に立つし，「ダメ」とさげすまれれば加速的にダメになってしまいますから，もっと柔軟に評価してくれてもよさそうなものです．

ともあれ,表 10.1 では現在の実力が○と×に分類されています.実力○の人たちは入社試験のときにどのような成績を示していたのでしょうか.合計点が 15 でも×の人もいるし,たった 9 点でも○の人もいますから,合計点だけがものをいうわけではなさそうです.たぶん,学科の成績 $x$ と面接の成績 $y$ の両方には関係あるものの,その加え合わせ方に鍵がひそんでいるのでしょう.

そこで,学科の成績 $x$ と面接の成績 $y$ とを

$$a : b \tag{10.1}$$

の割り合いで混ぜ合わせてみます.そうすると

$$\bigcirc \text{グループの点数は} \begin{cases} 8a+8b \\ 7a+7b \\ 3a+6b \end{cases} \tag{10.2}$$

です.この 3 人ぶんの点数を平均すると

$$\overline{\bigcirc} = 6a + 7b \tag{10.3}$$

となります.いっぽう

$$\times \text{グループの点数は} \begin{cases} 9a+6b \\ 5a+5b \\ 4a+4b \end{cases} \tag{10.4}$$

ですから,その平均は

$$\overline{\times} = 6a + 5b \tag{10.5}$$

です.

私たちはいま,○グループと×グループをしっかりと区別したいのですから,そのためには,6 名全員の点数のばらつきに対して $\overline{\bigcirc}$ と $\overline{\times}$ の差が目立たなければなりません.つまり

## 10. 判別分析のはなし

$$\frac{\overline{\bigcirc}と\overline{\times}のばらつき}{全体のばらつき} \quad (=p^2としましょう) \tag{10.6}$$

が大きければ大きいほど，○グループと×グループの差が目立つことになります．この値は，実は 68 ページですでにご紹介した**相関比**そのもので，0 〜 1 の値をとり，1 に近いほど 2 つのグループが明瞭に分離されていることを表わします．したがって私たちは，式(10.6)で表わされる相関比がもっとも大きくなるように，$a$ と $b$ の比を決めなければなりません．

さっそく作業にかかります．まず，全体の平均を求めましょう．式(10.2)と式(10.4)の 6 式を合計して 6 で割っても，$\overline{\bigcirc}$ と $\overline{\times}$ とを平均してもいいのですが，全体平均 $m$ は

$$m = 6a + 6b \tag{10.7}$$

となります．

つぎに，$\overline{\bigcirc}$ と $\overline{\times}$ のばらつき，つまり $\overline{\bigcirc}$ と $\overline{\times}$ の分散を求めます*．

---

\* 相関比の計算手法が 67 ページあたりと少しちがうので補足させていただきます．68 ページの式(4.11)では，○と×のような区分をカテゴリーと呼び，1 つのカテゴリーに含まれるデータの値を $n$（いまの例では 3）とすれば，相関比 $p^2$ は

$$p^2 = \frac{n\Sigma(カテゴリー内の平均-全平均)^2}{\Sigma(データの値-全平均)^2} \quad (4.11)と同じ$$

としていました．これをいまの例に当てはめると

$$p^2 = \frac{3\{(\overline{\bigcirc}-m)^2 + (\overline{\times}-m)^2\}}{\Sigma(データの値-m)^2}$$

$$= \frac{\frac{1}{2}\{(\overline{\bigcirc}-m)^2 + (\overline{\times}-m)^2\}}{\frac{1}{6}(データの値-m)^2} = \frac{\overline{\bigcirc}と\overline{\times}の分散}{全体の分散}$$

となりますから，分子分母とも分散で計算することにします．↗

$$\overline{\bigcirc}と\overline{\times}の分散 = \frac{1}{2}\{(\overline{\bigcirc}-m)^2 + (\overline{\times}-m)^2\}$$

$$= \frac{1}{2}\{(6a+7b-6a-6b)^2$$

$$+ (6a+5b-6a-6b)^2\}$$

$$= \frac{1}{2}(b^2+b^2) = b^2 \tag{10.8}$$

つづいて,ちょっとめんどうですが全体の分散も計算しなければなりません.

$$全体の分散 = \frac{1}{6}\{(8a+8b-6a-6b)^2$$

$$+ (7a+7b-6a-6b)^2$$

$$+ \cdots + (4a+4b-6a-6b)^2\}$$

$$= \frac{1}{6}\{(2a+2b)^2 + (a+b)^2$$

$$+ \cdots + (-2a-2b)^2\}$$

$$= \frac{1}{6}(28a^2+20ab+10b^2) \tag{10.9}$$

したがって,私たちは

$$\frac{\overline{\bigcirc}と\overline{\times}の分散}{全体の分散} = \frac{b^2}{\frac{1}{6}(28a^2+20ab+10b^2)} \tag{10.10}$$

---

↗ なお,この例は実験計画法でいうなら,1因子で水準が2,繰返し数が3の実験に相当します.

が最大になるように $a$ と $b$ の比を決めればいいはずです.「比」を決めやすくするために,上の式を少し変形します.

$$\frac{\overline{○} と \overline{×} の分散}{全体の分散} = \frac{6}{28\dfrac{a^2}{b^2} + 20\dfrac{a}{b} + 10} \tag{10.11}$$

この式の値を最大にするためには,分母の値を最小にすればいいはずです.そこで

$$\frac{a}{b} = t \tag{10.12}$$

とおいて

$$z = 28t^2 + 20t + 10 \tag{10.13}$$

を最小にしようと思います.例によって,この式を $t$ で微分してゼロに等しいとおいてください.

$$\frac{dz}{dt} = 56t + 20 = 0 \tag{10.14}$$

そうすると,たちどころに

$$t = -\frac{20}{56} = -\frac{5}{14} \tag{10.15}$$

が求まり,式(10.12)によってもとに戻すと

$$\frac{a}{b} = -\frac{5}{14} \tag{10.16}$$

であることがわかります.すなわち,入社試験時の学科の成績 $x$ と面接の成績 $y$ とを

$$-5 : 14$$

の割合で混ぜ合わせた値が,入社後の実力が○であるか×であるか

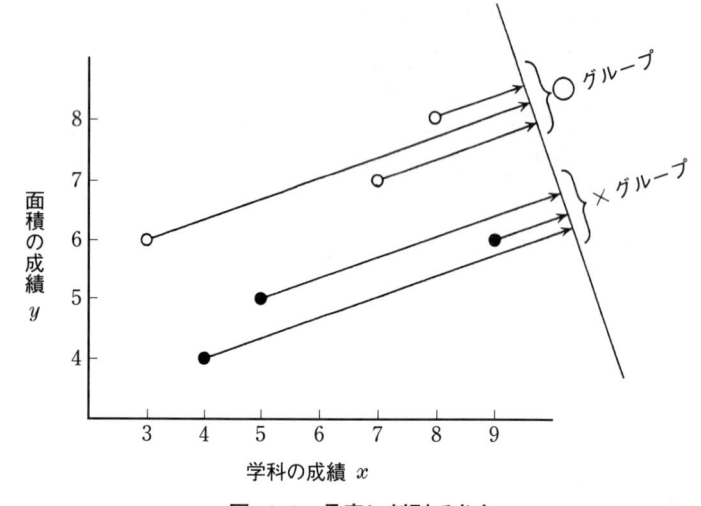

**図 10.3　見事に判別できた**

をもっとも明瞭に物語っているというのです．

どのくらい明瞭であるかは図 10.3 が示すとおりです．$x$ が $-5$ に対して $y$ が 14 の割合で傾いた直線上に 6 名の成績を投影してみると，○グループと×グループがものの見事に区分されているではありませんか．なにしろ，相関比を式(10.10)によって計算してみると

$$p^2 \fallingdotseq 0.93 \quad \therefore \quad p \fallingdotseq 0.97 \qquad (10.17)$$

という高い値を示すくらいですから，2 つのグループに見事に判別されるのです．

ついでですから，学科 $x$ と面接 $y$ とを $-5$ 対 14 の重みづけをして加えた値，つまり

$$-5x + 14y$$

を計算して表 10.2 に示してあります．○グループと×グループが

**表 10.2 判別分析の結果によれば**

| グループ | 名前 | 学科 $x$ | 面接 $y$ | $-5x+14y$ |
|---|---|---|---|---|
| ○ | れんだ | 8 | 8 | 72 |
|  | にしの | 7 | 7 | 63 |
|  | かさま | 3 | 6 | 69 |
| × | だざい | 9 | 6 | 39 |
|  | しもだ | 5 | 5 | 45 |
|  | よしの | 4 | 4 | 36 |

明瞭に分かれているのがこの表からも読みとれます.今後の入社試験では,学科と面接の成績を $-5$ 対 $14$ の重みづけをして加えた値で合否を判定することにいたしましょう.

**表 10.3 平均は語らない**

| ○グループ | | ×グループ | |
|---|---|---|---|
| $x$ | $y$ | $x$ | $y$ |
| 8 | 8 | 9 | 6 |
| 7 | 7 | 5 | 5 |
| 3 | 6 | 4 | 4 |
| 平均 6 | 7 | 6 | 5 |

もう 1 つ,ついでに表 10.3 を見てください.これは,○グループと×グループごとに学科の成績 $x$ と面接の成績 $y$ との平均値を調べた結果です.おもしろいことに,両グループの学科 $x$ の平均が同じです.こういうとき,○グループと×グループの学科 $x$ の平均値が等しいから,学科 $x$ は実力の○×とは無関係であり,学科試験は無意味だから省略していい,と早合点してはいけません.いままでの分析からもわかるように,合否判定に対して $x$ も相当の価値を持っているのですから……. 

甘いばかりと思われがちな汁粉やぜんざいの味付けには砂糖のほかにひとつまみの塩が使われており,これを隠し味というのですが,

私たちの $x$ も重要な隠し味の役目をになっているかのようです.

## 正攻法で挑戦

もう1つの例題を解こうと思うのですが,こんどはちと手ごたえがある難問です.表10.4を見ていただきましょうか.同年代の男性4人と女性4人に登場してもらいます.男性のうち2人,女性のうち3人は車の運転免許をすでに取得しており,運転の経験も積んでいます.この8人に同じ条件のもとで軽飛行機の操縦を練習させ,一定の期間の後に操縦免許の試験を受けてもらったと思ってください.8人のうち4名が見事に合格,それを表10.4では○で表わしてあります.残りの4人は落第でしたから×印を付けておきました.さて,○グループと×グループがもっとも明瞭に判別されるように,性別と運転免許の有無にウエイトづけをしてください.いいかえれば,性別と免許の有無が軽飛行機の操縦に及ぼす効果を比較してください.

**表10.4 こんどは難問**

| 名前 | 性別 | 免許の有無 | 成果 |
|---|---|---|---|
| 一郎 | 男 | 有 | ○ |
| 二郎 | 男 | 有 | ○ |
| 三郎 | 男 | 無 | ○ |
| 四郎 | 男 | 無 | × |
| 和子 | 女 | 有 | ○ |
| 和代 | 女 | 有 | × |
| 和江 | 女 | 有 | × |
| 和美 | 女 | 無 | × |

前節の例題ではデータが数値で与えられていたのに,こんどは,男と女,有と無という分類で与えられているところが特徴です.有とか無とかでは,前節でやったような数値計算ができないではありませんか.しかたがありませんから自分たちで数値を仮定しましょ

## 10. 判別分析のはなし

う. 各カテゴリーについて

$$\text{性別}\begin{cases} 男:x_1 \\ 女:x_2 \end{cases} \quad \text{免許}\begin{cases} 有:y_1 \\ 無:y_2 \end{cases} \quad \quad (10.18)$$

とすれば,これらの値を求めることによって,すべてのウエイトが求まろうというものです.各カテゴリーにこのような値を与えると,○グループと×グループに分けた8人の値は表10.5のようになります.あとは前節と同じ手順で相関比が最大になるように,$x_1$, $x_2$, $y_1$, $y_2$ を決めればいいはずです.

さっそくはじめます.まず,○グループの平均を求めましょう.

$$\overline{○} = \frac{1}{4}\{(x_1+y_1)+(x_1+y_1)+(x_1+y_2)+(x_2+y_1)\}$$

$$= \frac{1}{4}(3x_1+x_2+3y_1+y_2) \quad \quad (10.19)$$

表10.5 ウエイトを求めるために

| アイテム | | 性別 | | 免許の有無 | | 各人の値 |
|---|---|---|---|---|---|---|
| カテゴリー | | 男 | 女 | 有 | 無 | |
| ウエイト | | $x_1$ | $x_2$ | $y_1$ | $y_2$ | |
| ○グループ | 一郎 | ∨ | | ∨ | | $x_1+y_1$ |
| | 二郎 | ∨ | | ∨ | | $x_1+y_1$ |
| | 三郎 | ∨ | | | ∨ | $x_1+y_2$ |
| | 和子 | | ∨ | ∨ | | $x_2+y_1$ |
| ×グループ | 四郎 | ∨ | | | ∨ | $x_1+y_2$ |
| | 和代 | | ∨ | ∨ | | $x_2+y_1$ |
| | 和江 | | ∨ | ∨ | | $x_2+y_1$ |
| | 和美 | | ∨ | | ∨ | $x_2+y_2$ |

同じようにして

$$\overline{\times} = \frac{1}{4}(x_1 + 3x_2 + 2y_1 + 2y_2) \tag{10.20}$$

そして，全体平均 $m$ は

$$m = \frac{1}{8}(4x_1 + 4x_2 + 5y_1 + 3y_2) \tag{10.21}$$

ですから，これを使うと

$$\overline{\bigcirc}と\overline{\times}の分散 = \frac{1}{2}\{(\overline{\bigcirc}-m)^2 + (\overline{\times}-m)^2\} = \cdots(中略)\cdots$$

$$= \frac{1}{64}\{4(x_1-x_2)^2 + 4(x_1-x_2)(y_1-y_2)$$
$$+ (y_1-y_2)^2\} \tag{10.22}$$

を得ます．つづいて，全体の分散を計算します．表10.5の「各人の値」の分散を求めるのです．

$$全分散 = \frac{1}{8}\{(x_1+y_1-m)^2 + (x_1+y_1-m)^2$$
$$+ (x_1+y_2-m)^2 + \cdots + (x_2+y_2-m)^2\}$$

このあと，根気のいる計算をごりごりと続けると

$$= \frac{1}{64}\{16(x_1-x_2)^2 - 8(x_1-x_2)(y_1-y_2) + 15(y_1-y_2)^2\} \tag{10.23}$$

となるはずです．したがって，相関比 $p^2$ は式(10.22)を分子に，式(10.23)を分母において

$$p^2 = \frac{4(x_1-x_2)^2 + 4(x_1-x_2)(y_1-y_2) + (y_1-y_2)^2}{16(x_1-x_2)^2 - 8(x_1-x_2)(y_1-y_2) + 15(y_1-y_2)^2} \tag{10.24}$$

です.

　私たちは，この $p^2$ を最大にするような4つの未知数 $x_1$, $x_2$, $y_1$, $y_2$ を探し求めているのでした．そのためには，$p^2$ をそれぞれ $x_1$, $x_2$, $y_1$, $y_2$ で偏微分してゼロに等しいとおいた4つの方程式を作り，それらを連立して解けば，4つの未知数を知ることができるはずです．

　と思うのですが，実は，そうではありません．式の形を見ていただくとわかるように，

$$x_1 - x_2 \quad \text{と} \quad y_1 - y_2$$

とが，あたかも1つずつの値のように取り扱われていますから，$(x_1 - x_2)$ と $(y_1 - y_2)$ を単位としてしか答えが出てこないのです．それなら，いっそのこと，分子と分母をいっせいに $(y_1 - y_2)^2$ で割り，しかも

$$\frac{x_1 - x_2}{y_1 - y_2} = t \tag{10.25}$$

とおいてしまいましょう．そうすると式(10.24)は

$$p^2 = \frac{4t^2 + 4t + 1}{16t^2 - 8t + 15} \tag{10.26}$$

となってしまいます*.

　これなら，$p^2$ を最大にするような $t$ を求めるのは簡単です．$p^2$ を $t$ で微分した式をゼロに等しいとおいて $t$ を求めればいいのです．

---

＊　式(10.25)や式(10.26)みたいに要領のいい方法は嫌い，真向からごりごりと解いていきたい，という方は，拙著『評価と数量化のはなし』164〜172ページの手順を参照しながら挑戦してみてください．

$$\frac{dp^2}{dt} = \frac{(8t+4)(16t^2-8t+15)-(32t-8)(4t^2+4t+1)}{(16t^2-8t+15)^2}$$

$$= \frac{-24t^2+22t+17}{(16t^2-8t+15)^2} = 0 \tag{10.27}$$

したがって

$$24t^2 - 22t - 17 = 0$$

でなければなりませんから,この2次方程式を解けば

$$t = \frac{22 \pm \sqrt{22^2 + 4 \times 24 \times 17}}{2 \times 24} = \frac{22 \pm 46}{48}$$

$$\fallingdotseq 1.42 \quad \text{または} \quad -0.5 \tag{10.28}$$

が求まります.すなわち

$$\frac{x_1 - x_2}{y_1 - y_2} = 1.42 \quad \text{または} \quad -0.5 \tag{10.29}$$

のとき相関比が最大か最小になるにちがいないのです.1.42と$-0.5$のどちらが相関比を最大にしてくれるかは,こうるさい理屈をこねなくても,具体的な値を代入してみればすぐ判明します.

まず簡単なほうの$-0.5$から試してみましょうか.たとえば

$$\begin{cases} x_1 = 0 \\ x_2 = 0.5 \end{cases} \quad \begin{cases} y_1 = 1 \\ y_2 = 0 \end{cases} \tag{10.30}$$

として表10.5の「各人の値」に代入してみてください.

$$\overline{\bigcirc}\text{グループ} \begin{cases} 1 \\ 1 \\ 0 \\ 1.5 \end{cases} \quad \overline{\times}\text{グループ} \begin{cases} 0 \\ 1.5 \\ 1.5 \\ 0.5 \end{cases} \tag{10.31}$$

となりますが,暗算をしてみると,$\overline{\bigcirc}$と$\overline{\times}$がともに3.5/4ではあ

りませんか．これでは$\overline{\bigcirc}$と$\overline{\times}$の分散はゼロ，つまり相関比はゼロに決まっています．$-0.5$は相関比を最小にする値だったのです．

いっぽう，1.42のほうはどうでしょうか．たとえば

$$\begin{cases} x_1=1.42 \\ x_2=0 \end{cases} \quad \begin{cases} y_1=1 \\ y_2=0 \end{cases} \qquad (10.32)$$

を表10.5の「各人の値」に代入してみると

$$\overline{\bigcirc}\text{グループ}\begin{cases} 2.42 \\ 2.42 \\ 1.42 \\ 1 \end{cases} \quad \overline{\times}\text{グループ}\begin{cases} 1.42 \\ 1 \\ 1 \\ 0 \end{cases} \qquad (10.33)$$

です．これらから相関比を求めると

$$p^2=\frac{\overline{\bigcirc}と\overline{\times}の分散}{全体の分散}\fallingdotseq\frac{0.23}{0.56}\fallingdotseq 0.41 \qquad (10.34)$$

$$p\fallingdotseq 0.64 \qquad (10.35)$$

となりますから，こちらのほうが私たちが探していた値であることが判明しました．すなわち，

$$\frac{x_1-x_2}{y_1-y_2}=1.42 \qquad (10.36)$$

となるように，たとえば式(10.32)のように4つのウエイトを決めれば，○グループと×グループがもっともよく判別されることがわかったのです．そして，$x_1-x_2$のほうが$y_1-y_2$より1.42倍だけ大きいのですから，男女の性別のほうが，運転免許の有無より1.42倍だけ軽飛行機操縦の上達に影響を及ぼすこともわかりました．

なお，式(10.35)の$p=0.64$は68ページにも書いたように相関係数に対応する値ですから，○グループと×グループの区別はかな

り意味のあることと判定していいでしょう.

## 側面攻撃の策もある

前節では正攻法で表 10.4 の難問を解きましたが，ほんとうは，もう少し要領のいい解き方があります．同じ題材を使ってそれをご紹介しましょう．

図 10.4 をごらんください．表 10.4 の 8 人を性別軸と免許軸で作った平面座標内に印してみました．○は○グループに属している人たち，●は×グループの人たちで，一，二などは一郎，二郎などを表わし，子，代などは和子，和代などを略記したものです．男と女の距離と有と無の距離は必ずしも等しい必要はないのですが，等しくしておくほうがあとの始末がらくなので，そうしてあります．

こうして 8 人の位置を平面座標上に印すと，私たちに課せられた問題は，○グループと×グループの差がもっともきわだって見えるような方向を発見することに帰着します．まさに，判別分析の問題なのです．

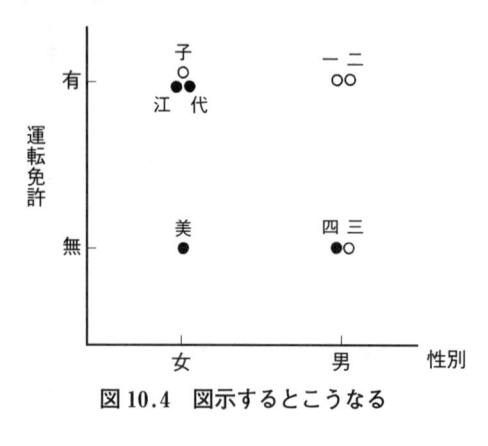

図 10.4　図示するとこうなる

せっかく 8 人の位置を平面座標の上に印したのですから，座標上の位置に数値を与えましょう．前節では座標上の位置という意識がないまま，男には $x_1$，女には $x_2$，有には $y_1$，無には $y_2$ という数値

を与えていたことになるのですが，これが計算をややこしくした原因だったのです．そこで，こんどは

$$\begin{cases} 男を1 \\ 女を0 \end{cases} \quad \begin{cases} 有を1 \\ 無を0 \end{cases} \qquad (10.37)$$

としましょう．なぜかというと，図10.4では，男と女の距離と有と無の距離を等しくしましたから

男－女＝有－無

になるようにしたいのですが，この関係が成立するもっとも簡単な値が式(10.37)だからです．こうして，8人の座標の値が表10.6のように決まりました．

表10.6　座標の位置はこうなる

| アイテム | | 性別 | 免許の有無 |
|---|---|---|---|
| ○グループ | 一郎 | 1 | 1 |
| | 二郎 | 1 | 1 |
| | 三郎 | 1 | 0 |
| | 和子 | 0 | 1 |
| ×グループ | 四郎 | 1 | 0 |
| | 和代 | 0 | 1 |
| | 和江 | 0 | 1 |
| | 和美 | 0 | 0 |

つぎへ進みます．190ページあたりの考え方に従って，「男女の別」と「免許有無」を

$a:b$ 　　　　　　　　　(10.1)と同じ

の割合で混ぜ合わせます．そうすると

$$○グループ \begin{cases} a+b \\ a+b \\ a \\ b \end{cases} \qquad (10.38)$$

ですから，これらの平均値は

$$\overline{\bigcirc} = \frac{1}{4}(3a+3b) \tag{10.39}$$

です．いっぽう

$$\times \text{グループ} \begin{cases} a \\ b \\ b \\ 0 \end{cases} \tag{10.40}$$

なので

$$\overline{\times} = \frac{1}{4}(a+2b) \tag{10.41}$$

また，8人全員の平均値は

$$m = \frac{1}{8}(4a+5b) \tag{10.42}$$

となります．これらを使って，ごちょごちょと計算すれば

$$\overline{\bigcirc} \text{と} \overline{\times} \text{の分散} = \frac{1}{64}(4a^2+4ab+b^2) \tag{10.43}$$

$$\text{全分散} = \frac{1}{64}(16a^2-8ab+15b^2) \tag{10.44}$$

に到達するのはわけもありません．したがって，相関比 $p^2$ は

$$p^2 = \frac{4a^2+4ab+b^2}{16a^2-8ab+15b^2} \tag{10.45}$$

です．私たちはこの $p^2$ を最大にするような $a$ と $b$ との比を求めているのですから，ここで

$$\frac{a}{b} = t \tag{10.46}$$

とおきましょう．そして，式(10.45)の分子・分母を $b^2$ で割ると

$$p^2 = \frac{4(a/b)^2 + 4(a/b) + 1}{16(a/b)^2 - 8(a/b) + 15}$$

$$= \frac{4t^2 + 4t + 1}{16t^2 - 8t + 15} \quad \quad (10.26)と同じ$$

となり，199ページの式(10.26)とまったく同じ式を得ます．このあとは200ページと同じ手順で

$$t \fallingdotseq 1.42 \quad \text{または} \quad -0.5 \quad \quad (10.28)と同じ$$

に到着しますが，こんどは式(10.29)とは異なり

$$\frac{a}{b} \fallingdotseq 1.42 \quad \text{または} \quad -0.5 \quad \quad (10.47)$$

です．1.42 と $-0.5$ のどちらを取るかは，さきほどの図10.4に傾きが1.42の直線と$-0.5$の直線を記入して，それらの直線上に8人の位置を投影したとき，どちらが○と●とを区別しているかを眺めてみれば，すぐに判定できます．図10.5は，傾きが1.42の直線を記入し，その上に8人の位置を投影した

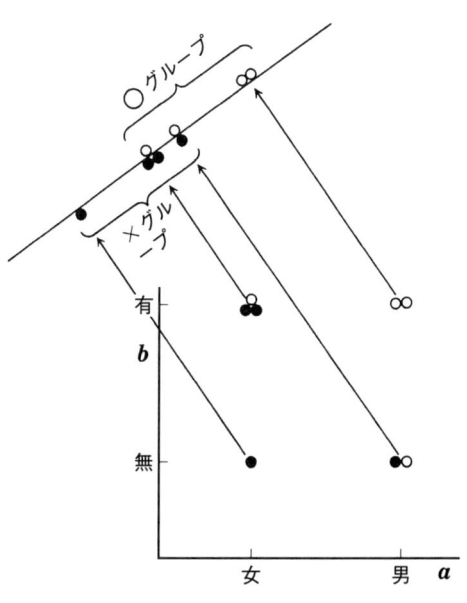

**図10.5 これが最大の努力**

ところです*. いかがでしょうか. ○グループと×グループは完全に分離されてはいませんが, なるべく引き離そうと努力しているところは評価できようというものです.

これに対して, 傾きが $-0.5$ の直線, つまり, 45度の右下がりの直線上に8人の位置を投影した姿を想像してください. 実際に図示してみるまでもなく, ○グループと×グループが同じような位置にごちゃ混ぜに投影されそうではありませんか.

これで私たちの判別分析の作業は終わりです. そして, 結論は前節の結論と同じであり, それを図示したものが図10.5です. 前節の手順よりはだいぶ要領よくなったことに同意していただけるでしょうか.

---

* $a/b ≒ 1.42$ のとき, 傾きが1.42の直線上に投影してみればいい理由は, 145ページの脚注および223ページの付録7をごらんください. なお,「傾き」を厳密な数学用語として使うなら, いまの場合,「傾きは$1/1.42$」と表現するのがほんとうです.

# *11.* 多変量解析と数量化

## 数量化との付き合い

　私たちは物理的な量 —— 長さ,重さ,速さ,明るさ,音の高さ,など —— は何の不思議もなく数値で表わしています.これに対して,人間の能力,幸福さ加減,好き嫌いの程度など,数値ではうまく表わせないと思われているものも少なくありません.これらが数値でうまく表わせない主な理由は,たくさんの要因が複雑にからみ合っているからです.たとえば,幸福さに影響しそうな要因には,財力,健康,社会的な地位,家庭の平和などなど,たくさんの項目が思いつきますが,幸福さに対してどの項目がどのくらい貢献するかがわからないので,たとえ項目の1つひとつは数値で表わせるとしても,幸福さ加減を数値で表わすことがむずかしいのです.

　むずかしいのですが,近年になってこれらを数値で表わす技術が急速に開発され,脚光をあびてきました.その理由の第1は,巨大なシステムとしてとらえた人間社会の最適化を追求するためには,

どのような事象でもシステムの要素として取り扱わねばならず，そのためには，どのような事象をも数値で表わすことが要求されはじめたからです．第2の理由は，複雑にからみ合った事象から本質的な部分を抽出して数値で表わす作業に必要な手段——統計学とコンピュータ——が準備されたからです．

何でも数値で表わしてしまうことを**数量化**\*といい，その理論は数量化の理論，そのテクニックは数量化の技術などといわれます．数量化には，学校の成績評価に使われている5段階評価や悪名高い偏差値などのように理屈がやさしく軽便に使えるものもありますが，なかなか手強（てごわ）い手法も少なくありません．そして，手強い手法の多くはこの本でご紹介してきた多変量解析の手法にそっくりです．

考えてみれば，無理もありません．数量化は，多くの要因がからみ合っている事象を対象にしますから，それらを数値で表わす過程で因子分析，主成分分析などが有力な手段として使われることに，何の不思議もないのです．それに，数量化の本質はひと口にいえば，多次元空間を使わないと説明できない事象をしゃにむに1次元の物差しで測ってしまうことにあります．たとえば，私の幸福さは財力軸の方向には3，健康軸の方向には5，…，自由軸の方向には1という多次元空間内の一点なのですが，それをいろいろな技法を用いて総合し，幸福さは何点と判定するように，です．この思想は，主成分分析や判別分析で平面上の点をある直線上に投影した位置を求めたり，クラスター分析の最後のほうで似たものどうしの位置関係

---

\* 数量化の思想，理論，手法などについては，拙著『評価と数量化のはなし』を参照していただければ幸いです．

11. 多変量解析と数量化

*2······100*

1次元の物差しで測る

を直線上に求めたりしたのと同じではありませんか\*.

　こういうわけで，多変量解析と数量化技術とは，濃い血縁関係にあります．人によっては，数量化技術のうち数学を多用する手強い手法のグループを多変量解析の一部とみなしたり，あるいは，多変量解析は数量化のための手段にすぎないと考えたりするのも，そのためです.

　数量化技術のうち数学を多用する手強い手法のグループは，便宜的に数量化Ⅰ類からⅣ類までの4種類に区分して説明されることがあります．そして，そのどれもが多変量解析の手法と密接な関係がありますので，その密接ぶりについて，どうしても触れておかなければなりません.

---

\* 多くのデータが多次元空間内に位置しているとき，それらどうしの間隔にふさわしい距離を保ちながら，すべてのデータを1つの平面上や1つの直線上に移しかえてしまうための手続きを，**多次元尺度法**といい，多変量解析の手法の1つとして取り上げられる場合があります.

## 数量化 I 類〜IV 類

まず,表 11.1 を見てください.どこかで見たような,とお思いになったでしょうか.実は 189 ページの表 10.1 を作るときに,あとで思い出していただこうと氏名に凝っておいたのです.表 10.1 と表 11.1 とは左半分,つまり,入社試験時の学科の成績 $x$ と面接の成績 $y$ がまったく同じです.けれども,表 10.1 では現在の実力が○と×に区分されていたのに,表 11.1 では点数で表示されているところが相違しています.

表 11.1 実績はこうだ

| 氏　　　名 | 学科 $x$ | 面接 $y$ | 実力 $z$ |
|---|---|---|---|
| だざい　かずお | 9 | 6 | 8 |
| れんだ　じろう | 8 | 8 | 6 |
| にしの　たみお | 7 | 7 | 7 |
| しもだ　みのる | 5 | 5 | 4 |
| よしの　ちかと | 4 | 4 | 5 |
| かさま　こうじ | 3 | 6 | 3 |

**数量化 I 類**は,データが表 11.1 のように数値で与えられたときのための手法です.すなわち,$x$ と $y$ とをどのようなウエイトで混ぜ合わせれば $z$ にもっとも近い値となるかを算出するための手法です.それなら……と思い当たることがありませんか.そうです.この場合には,重回帰の手法がそのまま利用できるのです.

私たちは 89 ページで 7 名の社員について入社時の面接の成績 $x$ と学科の成績 $y$ と,さらに現在の実力 $z$ を与えられました.そして,数ページにわたる思考と計算の過程を経て

$$z \fallingdotseq 0.785x - 0.280y + 1.68 \qquad (6.14)と同じ$$

という成果を得たのでした．これは，$z$を回帰するには$x$と$y$とを0.785対$-0.280$の割合で混ぜ合わせればいいことを意味しています．このときとまったく同じ手順が表11.1の場合にも利用できるではありませんか．すなわち，重回帰と数量化Ⅰ類とはこの範囲では同じ手法ということができます*．

もっとも，重回帰は本文の第6章のように応用範囲を広げていくのに対して，数量化Ⅰ類は表11.2のような問題も取り扱い品目のリストに加えていきます．表11.2は，学科の優と並，面接の優と並にどのようにウエイトづけをすれば現在の実力をもっともよく説明できるかを求め

表11.2 応用問題

| 姓 | 学科 | 面接 | 実力 $z$ |
|---|---|---|---|
| 上田 | 優 | 優 | 7 |
| 中田 | 優 | 優 | 5 |
| 下田 | 優 | 並 | 3 |
| 大田 | 並 | 優 | 6 |
| 小田 | 並 | 優 | 4 |

る応用問題で，それぞれ，$x_1$, $x_2$, $y_1$, $y_2$とおいて算出した各人の実力と実際の実力の差がもっとも小さくなるようにすればいいのですが，詳しくは他の本にゆずることにしましょう**．

数量化Ⅰ類は表11.1や表11.2のように，手がかりとなる最終のデータ（両表とも$z$の値）が数値で表わされている場合を扱うのに対

---

\* 　重回帰分析をさらに発展させた手法に**正準相関分析**があります．重回帰分析では1つの目的変数（たとえば入社後の活躍）を2つ以上の変数（たとえば面接と学科試験）で回帰分析するのに対して，正準相関分析では目的変数も2つ以上の変数の重みづけ合計点として解析します．

\*\* 　表11.2は，拙著『評価と数量化のはなし』162ページの表5.4と同じです．数量化Ⅰ類としての解法については同書をご参照ください．

して、**数量化Ⅱ類**はそれが分類で表わされている場合を扱います。判別分析をご紹介した前章の2つの問題、表10.1と表10.4を見てください。表10.1では現在の実力が○と×に区分されていましたし、表10.4では軽飛行機の操縦試験に合格したか否かが○と×で示されていました。そして、○グループと×グループがもっとも明瞭に判別できるようなウエイト配分を計算したのでした。つまり、数量化理論の立場からは判別分析を数量化Ⅱ類と称していると考えて、当たらずとも遠くはありません。

つぎは、**数量化Ⅲ類**へと進みます。ブル、レッドパンツ、ソップ、アンコ、ノッポ*の5人を登場させ、肉、魚、貝、海藻、野菜の中からいちばん好きな1つを選んでもらったところ、表11.3のようになりました。こんどは点数とか○×のように外的な基準がありま

**表11.3　これからなにがわかる**

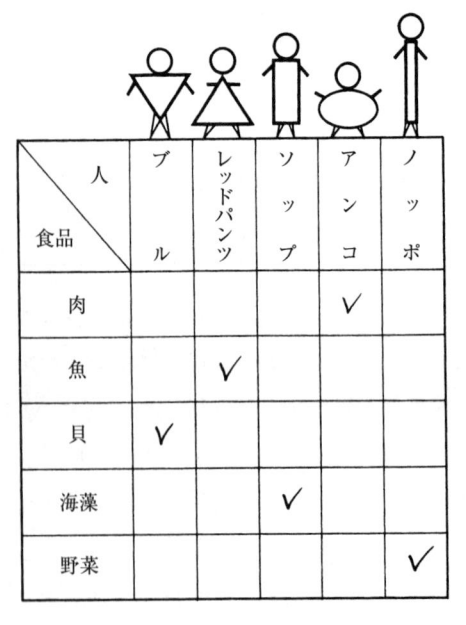

| 食品＼人 | ブル | レッドパンツ | ソップ | アンコ | ノッポ |
|---|---|---|---|---|---|
| 肉 | | | | ✓ | |
| 魚 | | ✓ | | | |
| 貝 | ✓ | | | | |
| 海藻 | | | ✓ | | |
| 野菜 | | | | | ✓ |

---

* ブル(Bull)はボディービルで鍛えたように肩のあたりがいかった体形、レッドパンツ(Lead Pants)は文字どおり鉛のパンツをはいたような体形で、いずれも英語です。ソップ(筋肉質)とアンコはご存じのとおりすもう用語です。

せん．5名の人と5種類の食品の対応があるだけです．これから何がわかるでしょうか．

このままでは何もわかりませんから，5名の人と5種類の食品の相関がもっとも強くなるように列か行を入れ換えてみてください．こうして表11.4ができれば，こんどはよくわかります．5名の配列は身長の逆順か，体重の順のようです．あるいは，体重/身長の順

**表11.4 こうすればわかる**

| 食品＼人 | アンコ | レッドパンツ | ブル | ソップ | ノッポ |
|---|---|---|---|---|---|
| 肉 | ✓ | | | | |
| 魚 | | ✓ | | | |
| 貝 | | | ✓ | | |
| 海藻 | | | | ✓ | |
| 野菜 | | | | | ✓ |

かもしれませんが，いずれにせよ，体形と関係がありそうです．いっぽう，食品の配列は油っこさの順ではないでしょうか．これで，体形と食品の好みとの関係が発見できたというものです．

いまの例では，人数と食品の種類の数が同じで，しかも1人が1つの食品を指定していましたが，一般には，この種のデータは縦と横が同数とは限らないし，各列と各行に1つずつの✓印があるほど単純ではありません．そういうときでも縦と横の相関が最大になるように，列や行を入れ換える手順を教えてくれるのが数量化III類の手法です．すなわち，数量化III類は，外的な基準はないけれど，互いに参照できる2つ以上の変数がある場合に有効な手法といえるで

しょう．外的な基準がないけれど互いに参照できる……という条件からいうと，165ページの表9.1などもそれに該当するので，その意味ではクラスター分析の一部と似ていないこともありません．

最後は，**数量化IV類**です．数量化IV類は，個体どうしの類似性だけを頼りにそれらに1次元の数値を与える手法，とでもいいましょうか．181ページから5ページばかりを費やして，埼玉県と熊本県と沖縄県を直線上に並べたことがありましたが，それが数量化IV類の典型的な手法だったのです．

以上のように，多変量解析と数量化の技術は，その思想や観点は異なるにしても，手法の一部は完全に重なり合っています．けれどもそれは，自然科学のどの分野でも加減乗除や微積分などの手法が，共通に使われているのと同じことですから，こだわる必要はないと私は思います\*．

## 最後にひとこと

いよいよ最後になりました．最後にひとことだけ付言させていただこうと思います．

多変量解析と数量化の技術の間には重なり合う部分があったり，数量化は多変量解析の一部であるとか，いや，多変量解析は数量化の手段にすぎないとか，いろいろな議論があったりすることからもわかるように，多変量解析はまだまだ発展途上にある学問です．し

---

\* この本に既刊の拙著『評価と数量化のはなし』と重複するところがあるのも，上記の理由によりますから，お許しいただきたいと存じます．

たがって，これからも新しい名称の手法がつぎつぎに開発され発表され，そして，そのうちのいくつかは現実問題の解決に活用されていく可能性が大きいでしょう．それにしても，多変量解析はしょせん複雑すぎて勘や経験に頼るしかなかった社会的な現象に科学のメスを入れる手法にすぎません．その点で，原子力を解放したり遺伝子を組み換えたりするような自然現象を対象とする科学とは基本的に異なっています．自然現象を相手にする科学が，ときには常識の線を超えて驚くような結果を生むことがあるのに対して，多変量解析法のような社会的現象を相手にする科学はつねに常識の延長線上で答を出すのです．

NHKの総合テレビが，劇画の「ゴルゴ13(サーティーン)」は単純な線で描かれた漫画の「タブチくん」より写実的に見えるけれど，コンピュータを使って解析してみたら，「タブチくん」より抽象的であった，と放送していたことがありました．きっと，写実的であることの尺度として体形，顔つき，動作などに関するいくつかの因子を選んでいるのでしょうが，因子の選び方や重みづけが正しくなければコンピュータを使おうと使うまいと，その結論が正しくないことは論をまちません．私たちの常識に反する"タブチくんのほうがゴルゴ13より写実的"という結論が正しいと認められるためには，同じ因子と重みづけを使用したところ，「ポパイ」よりは「サザエさん」が，「ピカソ」の人物画よりは「ルノアール」のそれが，「写楽」よりは「小林古径」*が写実的であるという常識と思われているたくさ

---

* 小林古経(1883~1957)．近代日本画の名匠として知られる．代表作に「髪」，「竹取物語」，「清姫」などがある．

んの結論によって，因子の使い方の正しさが検証されていなければならないのです．

　多変量解析法は，社会的な現象を対象にする他の科学的手法 ── たとえば，TQM，計量心理学，予測の手法など ── と同じく，たくさんの常識に支えられて1つの新しい道を発見したり，たくさんの常識に支えられて1つの常識を訂正したりするための手法です．したがって，多変量解析の結果，思いがけない答に遭遇したときには，途中の論理構成が常識どおりになっているかどうかを改めて反省してみるくらいの配慮が必要でしょう．

　だからといって，多変量解析の価値はいささかも減るものではありません．たくさんの要因がからみ合っていて，全体の骨組みが見通せないかずかずの現象に科学的なメスを入れ，科学的な思考と手順に従って端的な答を追求していくのですから，ときには胸のすくような快刀乱麻の活躍が期待できます．ぜひ，この快刀を手に入れて，存分に切れ味を試していただくようお願いして，長口舌の幕を閉じることにいたします．どうも，ありがとうございました．

# 付　録

## 付録1　両者の順位をかけ合わせて合計した値の最大と最小

一般に，$0<x_1<x_2<x_3$ なら

$x_1x_1+x_2x_2+x_3x_3$ ①

$x_1x_1+x_2x_3+x_3x_2$ ②

$x_1x_2+x_2x_1+x_3x_3$ ③

$x_1x_2+x_2x_3+x_3x_1$ ④

$x_1x_3+x_2x_1+x_3x_2$ ⑤

$x_1x_3+x_2x_2+x_3x_1$ ⑥

のうちで最大になるのは同じ順位どうしをかけ合わせた①です．たとえば，②と比較してみると

$$x_1x_1+x_2x_2+x_3x_3-(x_1x_1+x_2x_3+x_3x_2)=x_2(x_2-x_3)+x_3(x_3-x_2)$$
$$=(x_2-x_3)^2>0$$

ですから①のほうが大きいことがわかります．同様に③〜⑥と比較しても①のほうが大きいので，①が最大であることが証明されます．ここでは，変数が $x_1$，$x_2$，$x_3$ の3種類の場合を例にとりましたが，何種類あっても同じように証明できます．

また，①〜⑥のうちで最小になるのは反対の順位をかけ合わせた⑥です．

たとえば，⑤と比較してみると

$$x_1x_3+x_2x_2+x_3x_1-(x_1x_3+x_2x_1+x_3x_2)=x_2(x_2-x_1)+x_3(x_1-x_2)$$
$$=(x_2-x_3)(x_2-x_1)<0$$

ですから⑥のほうが小さく，以下，同様だからです．

なお，$x_1<x_2<x_3$, $y_1<y_2<y_3$ のとき

$x_1y_1+x_2y_2+x_3y_3$ が 最大

$x_1y_3+x_2y_2+x_3y_1$ が 最小

になることも，同様に証明できます．

## 付録2 式(2.5)と式(2.6)が等しいことの証明

$n$ 個の対象について

$X$ が付けた順位を $x_1, x_2, \cdots, x_i, \cdots, x_n$

$Y$ が付けた順位を $y_1, y_2, \cdots, y_i, \cdots, y_n$

としましょう．そうすると

$$\Sigma(順位の差)^2=\Sigma(x_1-y_1)^2=\Sigma(x_i^2-2x_iy_i+y_i^2)$$
$$=\Sigma x_i^2+\Sigma y_i^2-2\Sigma x_iy_i$$
$$=\Sigma x_i^2+\Sigma y_i^2-2\Sigma(順位の積)$$

ここで $\Sigma x_i^2=\Sigma y_i^2=1^2+2^2+\cdots+i^2+\cdots+n^2$

$$=\frac{n}{6}(n+1)(2n+1) \quad \text{ですから}$$

$$\Sigma(順位の差)^2=\frac{n}{3}(n+1)(2n+1)-2\Sigma(順位の積)$$

となります．これを式(2.6)に代入すれば

$$r=1-\frac{2n(n+1)(2n+1)-12\Sigma(順位の積)}{n(n^2-1)}$$

$$= \frac{n(n^2-1)-2n(n+1)(2n+1)+12\Sigma(\text{順位の積})}{n(n^2-1)}$$

$$= \frac{12\Sigma(\text{順位の積})-3n(n+1)^2}{n(n^2-1)}$$

というぐあいに式(2.5)に変身してしまいます.

## 付録3　40ページ脚注のデータから相関係数を求める

| $y_i$ | $x_i$ | $f_i$ | $y_i f_i$ | $x_i f_i$ | $y_i-\bar{y}$ | $(y_i-\bar{y})^2$ | $\times f_i$ | $x_i-\bar{x}$ | $(x_i-\bar{x})^2$ | $\times f_i$ | $(y_i-\bar{y})(x_i-\bar{x})$ | $\times f_i$ |
|---|---|---|---|---|---|---|---|---|---|---|---|---|
| 9 | 10 | 1 | 9 | 10 | 1.7 | 2.89 | 2.89 | 2.3 | 5.29 | 5.29 | 3.91 | 3.91 |
| 9 | 8 | 2 | 18 | 16 | 1.7 | 2.89 | 5.78 | 0.3 | 0.09 | 0.18 | 0.51 | 1.02 |
| 8 | 9 | 1 | 8 | 9 | 0.7 | 0.49 | 0.49 | 1.3 | 1.69 | 1.69 | 0.91 | 0.91 |
| 8 | 8 | 8 | 64 | 64 | 0.7 | 0.49 | 3.92 | 0.3 | 0.09 | 0.72 | 0.21 | 1.68 |
| 8 | 7 | 5 | 40 | 35 | 0.7 | 0.49 | 2.45 | $-0.7$ | 0.49 | 2.45 | $-0.49$ | $-2.45$ |
| 7 | 10 | 2 | 14 | 20 | $-0.3$ | 0.09 | 0.18 | 2.3 | 5.29 | 10.58 | $-0.69$ | $-1.38$ |
| 7 | 9 | 3 | 21 | 27 | $-0.3$ | 0.09 | 0.27 | 1.3 | 1.69 | 5.07 | $-0.39$ | $-1.17$ |
| 7 | 8 | 13 | 91 | 104 | $-0.3$ | 0.09 | 1.17 | 0.3 | 0.09 | 1.17 | $-0.09$ | $-1.17$ |
| 7 | 7 | 6 | 42 | 42 | $-0.3$ | 0.09 | 0.54 | $-0.7$ | 0.49 | 2.94 | 0.21 | 1.26 |
| 7 | 6 | 4 | 28 | 24 | $-0.3$ | 0.09 | 0.36 | $-1.7$ | 2.89 | 11.56 | 0.51 | 2.04 |
| 6 | 8 | 1 | 6 | 8 | $-1.3$ | 1.69 | 1.69 | 0.3 | 0.09 | 0.09 | $-0.39$ | $-0.39$ |
| 6 | 7 | 2 | 12 | 14 | $-1.3$ | 1.69 | 3.38 | $-0.7$ | 0.49 | 0.98 | 0.91 | 1.82 |
| 6 | 6 | 2 | 12 | 12 | $-1.3$ | 1.69 | 3.38 | $-1.7$ | 2.89 | 5.78 | 2.21 | 4.42 |
| | | 50 | 365 | 385 | | | $\Sigma=26.50$ | | | $\Sigma=48.50$ | | $\Sigma=10.50$ |
| | | | $\bar{y}=7.3$ | $\bar{x}=7.7$ | | | | | | | | |

したがって, 相関係数 $r$ は

$$r = \frac{10.50}{\sqrt{26.50 \times 48.50}} \fallingdotseq 0.293$$

となります. こんなことをやるくらいなら, 表3.4のような計算を50行にわたってやるほうがいい, といわれる方は, どうぞご随意に……．

## 付録4　式(3.5)の特例が式(2.5)であることの証明

$$r = \frac{\Sigma(x_i - \bar{x})(y_i - \bar{y})}{\sqrt{\Sigma(x_i - \bar{x})^2 \cdot \Sigma(y_i - \bar{y})^2}}$$

$$= \frac{\Sigma x_i y_i - \Sigma x_i \bar{y} - \Sigma \bar{x} y_i + \Sigma \bar{x}\bar{y}}{\sqrt{(\Sigma x_i^2 - 2\Sigma x_i \bar{x} + \Sigma \bar{x}^2)(\Sigma y_i^2 - 2\Sigma y_i \bar{y} + \Sigma \bar{y}^2)}}$$

$x_i$ と $y_i$ がともに $1 \sim n$ の自然数なら

$$\begin{cases} \bar{x} = \bar{y} = \dfrac{1}{2}(n+1) \\[4pt] \Sigma x_i = \Sigma y_i = \dfrac{1}{2}n(n+1) \\[4pt] \Sigma x_i^2 = \Sigma y_i^2 = \dfrac{1}{6}n(n+1)(2n+1) \end{cases}$$

ですから，これらを代入するのですが，そのとき分母の $\sqrt{\phantom{XX}}$ の中にある2つの( )は同じものであり，したがって $\sqrt{(\ )(\ )} = (\ )$ であることに注意すると

$$= \frac{\Sigma x_i y_i - \dfrac{1}{2}n(n+1)^2 + \dfrac{1}{4}n(n+1)^2}{\dfrac{1}{6}n(n+1)(2n+1) - \dfrac{1}{2}n(n+1)^2 + \dfrac{1}{4}n(n+1)^2}$$

$$= \frac{\Sigma x_i y_i - \dfrac{1}{4}n(n+1)^2}{\dfrac{1}{12}n(n^2-1)} = \frac{12\Sigma x_i y_i - 3n(n+1)^2}{n(n^2-1)}$$

となります．もちろん，$\Sigma x_i y_i$ は $\Sigma$(順位の積)です．

## 付録5　偏相関係数について

$x$, $y$, $z$ が互いにからみ合っているとき，$x$ と $z$ の関係には，$x$ から $z$ への直接の影響のほかに，$x$ から $y$ を経由して $z$ に至る影響も同時に現れます．このような $y$ の影響を取り除いた純粋に $x$ と $z$ の間の相関を偏相関といい，その強さは偏相関係数で表わされます．

偏相関係数は，つぎのようにして求められます．まず，$x$ と $y$ とを直線回帰し，それによって $x$ から $y$ の影響ぶんを差し引きます．これを $x'$ としましょう．同じように，$z$ と $y$ とを直線回帰し，$z$ から $y$ の影響ぶんを差し引きます．それを $z'$ としましょう．こうしてできた $x'$ と $z'$ との相関係数を計算すると，それが $x$ と $z$ の偏相関係数になります．

偏相関係数は，つぎの式で表わされます．

$$r_{xz \cdot y} = \frac{r_{xz} - r_{xy} r_{zy}}{\sqrt{1 - r_{xy}^2} \sqrt{1 - r_{zy}^2}}$$

一例として表6.6のデータに適用してみると0.90くらいになります．

回帰分析に際して $r_{xz}$ と $r_{xz \cdot y}$ のどちらを使うのがいいかはケース・バイ・ケースです．表6.6の場合には，面接の良否が学科の成績に影響し，それが実力に影響するという因果関係は不自然ですから，$r_{xz \cdot y}$ より $r_{xz}$ を使うほうがいいように思います．

なお，$r_{xz}$ と $r_{xz \cdot y}$ のどちらが大きな値になるかも，いちがいにはいえません．

## 付録6　式(7.11)と式(7.12)の証明

イメージしやすいように3次元の場合を例にとりましょう．そうすると，

本文 122 ページの表 7.11 に相当する
データは右表のようになります. この $X$
と $Y$ をベクトルとして①〜②〜③の立体
座標の中に描いたのが 223 ページの図で
す. $X$ と $Y$ の上についた矢印が, それら
がベクトルであることを示しています.

|   | $X$ | $Y$ |
|---|---|---|
| ① | $x_1-\bar{x}$ | $y_1-\bar{y}$ |
| ② | $x_2-\bar{x}$ | $y_2-\bar{y}$ |
| ③ | $x_3-\bar{x}$ | $y_3-\bar{y}$ |

ここで

$\vec{X}$ の長さを $|\vec{X}|$, $\vec{Y}$ の長さを $|\vec{Y}|$

とすれば, 本文中にも書いたように

$$|\vec{X}|=\sqrt{\Sigma(x_i-\bar{x})^2}, \qquad |\vec{Y}|=\sqrt{\Sigma(y_i-\bar{y})^2} \qquad ①$$

です.

いっぽう, ベクトルどうしのかけ算には 2 種類あり, そのうち**内積**と呼ばれるかけ算は

$$\vec{X}\cdot\vec{Y}=|\vec{X}||\vec{Y}|\cos\theta \qquad ②$$

$$\therefore \ \cos\theta=\frac{\vec{X}\cdot\vec{Y}}{|\vec{X}||\vec{Y}|} \qquad ③$$

です. さらに, ベクトルの性質から

$$\vec{X}\cdot\vec{Y}=\Sigma(x_i-\bar{x})(y_i-\bar{y}) \qquad ④$$

であることもわかっています.

そこで, 式③の右辺に式①と式④を代入してみてください.

$$\cos\theta=\frac{\Sigma(x_i-\bar{x})(y_i-\bar{y})}{\sqrt{\Sigma(x_i-\bar{x})^2}\sqrt{\Sigma(y_i-\bar{y})^2}} \qquad ⑤$$

となるのですが, この右辺は本文 46 ページの式(3.5)の右辺とぴったり一致し, それは $X$ と $Y$ の相関係数 $r$ を表わしているのでした. したがって

付　録

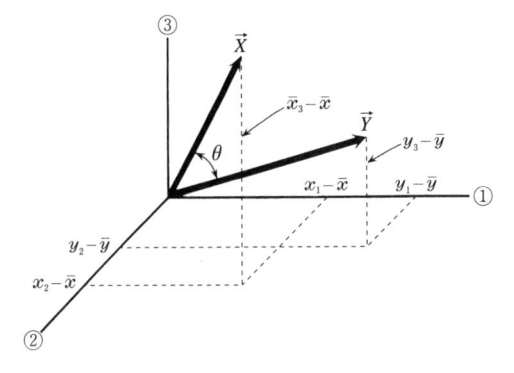

$r = \cos\theta$　　　　　　　　　　　　　　　　　(7.11)と同じ

であり，また，逆三角関数の定義によって

$\theta = \cos^{-1} r$　　　　　　　　　　　　　　　(7.12)と同じ

であることが証明されました．

なお，式②や式④がなぜ成立するかをご説明するには数ページが必要なので，ここでは省略させていただきますが，必要な方は拙著『行列とベクトルのはなし』，54〜58ページをごらんいただければ幸いです．


## 付録7　145ページ脚注に答えて

航空工学の点数が $A$，電子工学の点数が $E$ の人のデータは，図中のP点で表わされます．その点を航空工学軸から $\theta$ だけ傾いた軸線上に投影したP′とすると，原点からP′点までの距離は，図からわかるように

$A\cos\theta + E\sin\theta$　　　　　　　　　　　　　①

です．いっぽう

$$\frac{E\sin\theta}{A\cos\theta} = \frac{E\tan\theta}{A}$$

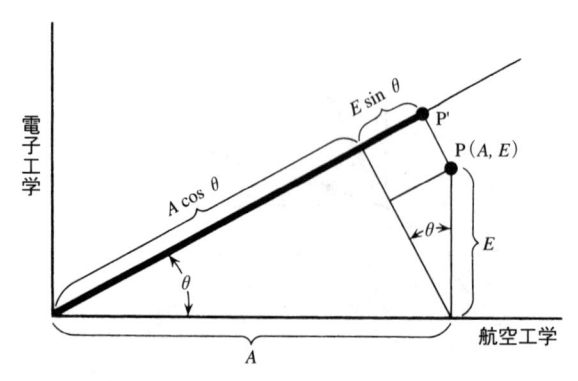

です．そこで，式(8.14)に従って

$$\tan\theta = \frac{b}{a} \qquad ②$$

とすれば

$$\frac{E\sin\theta}{A\cos\theta} = \frac{E\tan\theta}{A} = \frac{Eb}{Aa} \qquad ③$$

となり，原点から P′ 点までの距離は航空工学の点数 $A$ と電子工学の点数 $E$ とを

$a : b$

の割合で加え合わせたものになるではありませんか．

**著者紹介**

大村 平（工学博士）
（おお むら ひとし）

1930年 秋田県に生まれる
1953年 東京工業大学機械工学科卒業
 防衛庁空幕技術部長，航空実験団司令，
 西部航空方面隊司令官，航空幕僚長を歴任
1987年 退官．その後，防衛庁技術研究本部技術顧問，
 お茶の水女子大学非常勤講師，日本電気株式会社顧
 問などを歴任
現 在 (社)日本航空宇宙工業会顧問など

---

多変量解析のはなし【改訂版】
── 複雑さから本質を探る ──

---

| | |
|---|---|
| 1985年2月23日 | 第1刷発行 |
| 2005年12月14日 | 第26刷発行 |
| 2006年8月16日 | 改訂版第1刷発行 |
| 2021年3月10日 | 改訂版第16刷発行 |

| 検 印 | 著 者 | 大　村　　　平 |
|---|---|---|
| 省 略 | 発行人 | 戸　羽　節　文 |

発行所　株式会社　日科技連出版社

〒151-0051 東京都渋谷区千駄ヶ谷5-15-5
DSビル
電話 出版 03-5379-1244
　　 営業 03-5379-1238

Printed in Japan　　　印刷・製本　河北印刷株式会社

© *Hitoshi Ohmura* 1985, 2006　　ISBN978-4-8171-8027-8
URL http://www.juse-p.co.jp/

---

本書の全部または一部を無断でコピー，スキャン，デジタル化などの
複製をすることは著作権法上での例外を除き禁じられています．本書
を代行業者等の第三者に依頼してスキャンやデジタル化することは，
たとえ個人や家庭内での利用でも著作権法違反です．

## はなしシリーズ《改訂版》
## 絶賛発売中！

■もっとわかりやすく，手軽に読める本が欲しい！
　この要望に応えるのが本シリーズの使命です．

　　　　確　率　の　は　な　し
　　　　統　計　の　は　な　し
　　　　統　計　解　析　の　は　な　し
　　　　微　積　分　の　は　な　し(上)
　　　　微　積　分　の　は　な　し(下)
　　　　関　数　の　は　な　し(上)
　　　　関　数　の　は　な　し(下)
　　　　実験計画と分散分析のはなし
　　　　多　変　量　解　析　の　は　な　し
　　　　信　頼　性　工　学　の　は　な　し
　　　　予　測　の　は　な　し
　　　　Ｏ　Ｒ　の　は　な　し
　　　　ＱＣ数学　の　は　な　し
　　　　方　程　式　の　は　な　し
　　　　行列とベクトルのはなし
　　　　論　理　と　集　合　の　は　な　し
　　　　評価と数量化のはなし
　　　　人　工　知　能(AI)のはなし

―――――――― 日　科　技　連 ――――――――

## ビジネスマン・学生の教養書

| | |
|---|---|
| 問題解決のための数学 | 木下栄蔵 |
| 数学のはなし | 岩田倫典 |
| 数学のはなし(Ⅱ) | 岩田倫典 |
| ディジタルのはなし | 岩田倫典 |
| 微分方程式のはなし | 鷹尾洋保 |
| 複素数のはなし | 鷹尾洋保 |
| 数値計算のはなし | 鷹尾洋保 |
| 力と数学のはなし | 鷹尾洋保 |
| 数列と級数のはなし | 鷹尾洋保 |
| 品質管理のはなし(改訂版) | 米山高範 |
| 決定のはなし | 斎藤嘉博 |
| ＰＥＲＴのはなし | 柳沢滋 |
| 在庫管理のはなし | 柳沢滋 |
| 数学ロマン紀行 | 仲田紀夫 |
| 数学ロマン紀行 2<br>－論理3000年の道程－ | 仲田紀夫 |
| 数学ロマン紀行 3<br>－計算法5000年の往来－ | 仲田紀夫 |
| 「社会数学」400年の波乱万丈！ | 仲田紀夫 |

日科技連